"十四五"时期国家重点出版物出版专项规划项目
中国能源革命与先进技术丛书
李立涅 丛书主编

风能技术发展战略研究

黄其励　主编

机械工业出版社

本书从风能资源与环境评价、风力发电装备和风电高效利用三个方面，研究分析了我国风能开发和利用技术的现状、技术差距和瓶颈，结合技术发展趋势和需求，提出了风能资源与环境评价、风力发电装备和风电高效利用技术近/中/远期的发展目标、重点任务和技术路线图，并从示范应用与推广、人才队伍培养、备选技术、支持政策等方面，提出了风能技术的发展建议。

本书可作为风能及新能源、电力系统、能源技术、能源政策等行业相关研究人员的参考书。

图书在版编目（CIP）数据

风能技术发展战略研究／黄其励主编．—北京：机械工业出版社，2020.12
（2024.1 重印）
（中国能源革命与先进技术丛书）
"十四五"时期国家重点出版物出版专项规划项目
ISBN 978-7-111-67088-9

Ⅰ．①风…　Ⅱ．①黄…　Ⅲ．①风力能源－研究　Ⅳ．①TK81

中国版本图书馆 CIP 数据核字（2020）第 256298 号

机械工业出版社（北京市百万庄大街 22 号　邮政编码 100037）
策划编辑：汤　枫　　　责任编辑：汤　枫
责任校对：张艳霞　　　责任印制：单爱军
北京虎彩文化传播有限公司印刷
2024 年 1 月第 1 版·第 4 次印刷
169mm×239mm·12 印张·2 插页·292 千字
标准书号：ISBN 978-7-111-67088-9
定价：99.00 元

电话服务　　　　　　　　　网络服务
客服电话：010-88361066　　机　工　官　网：www.cmpbook.com
　　　　　010-88379833　　机　工　官　博：weibo.com/cmp1952
　　　　　010-68326294　　金　书　网：www.golden-book.com
封底无防伪标均为盗版　　机工教育服务网：www.cmpedu.com

丛书编委会

顾问：

周　济	中国工程院	原院长	院士
杜祥琬	中国工程院	原副院长	院士
谢克昌	中国工程院	原副院长	院士
王玉普	中国工程院	原副院长	院士
赵宪庚	中国工程院	原副院长	院士

主任：

李立涅	中国南方电网有限责任公司	中国工程院院士

委员：

杜祥琬	中国工程院	原副院长　院士
黄其励	国家电网有限公司	中国工程院院士
衣宝廉	中国科学院大连化学物理研究所	中国工程院院士
马永生	中国石油化工集团有限公司	中国工程院院士
岳光溪	清华大学	中国工程院院士
王　超	河海大学	中国工程院院士
陈　勇	中国科学院广州能源研究所	中国工程院院士
陈立泉	中国科学院物理研究所	中国工程院院士
顾大钊	国家能源投资集团有限责任公司	中国工程院院士
郭剑波	国家电网有限公司	中国工程院院士
饶　宏	南方电网科学研究院有限责任公司	教授级高级工程师
王振海	中国工程院	正高级工程师
许爱东	南方电网科学研究院有限责任公司	教授级高级工程师

本书编委会

前　　言

近年来，我国在风能开发和利用方面取得了一系列显著成绩，风能产业整体实现了快速发展，已成为我国未来经济增长的重要动力之一，也是我国未来占领国际战略制高点的优势产业之一。与此同时，在风力发电装备、风电高效利用以及风力发电共性基础研究方面，风能产业与国际先进水平相比也存在着一些差距和制约行业发展的问题，对我国未来更大规模风电的可持续发展形成了巨大挑战。

为推进和保障我国风能产业持续规模化健康发展，使风能成为对我国能源结构调整、应对气候变化有重要贡献的新能源，在中国工程院重大咨询项目"我国能源技术革命的技术方向和体系战略研究"的支持下，课题组开展了"风能技术方向研究及发展路线图"课题研究工作，从风能资源与环境评价、风力发电装备和风电高效利用三个方面，研究分析了我国风能开发和利用技术的现状、技术差距、制约风能技术发展的主要因素，结合技术发展趋势和需求，提出了风能资源与环境评价、风力发电装备和风电高效利用技术近期（2020 年前后）、中期（2030 年）、远期（2050 年）的发展目标、重点任务和技术路线图，并从示范应用与推广、人才队伍培养、备选技术、支持政策等方面，提出了风能技术的发展建议。

本书涵盖了"风能技术方向研究及发展路线图"课题的研究成果，全书共 5 章。第 1 章为概述，介绍风能资源及发电特性、我国风电发展情况和展望以及风能发展存在的问题和挑战。第 2～4 章分别从风能资源与环境评价、风力发电装备和风电高效利用三个方面，详细阐述了我国风能应用技术的现状、差距和瓶颈、发展趋势和需求、发展目标、重点任务、研发体系和近期（2020 年前后）、中期（2030 年）、远期（2050 年）的技术发展路线图等。其中，第 2 章的重点技术包括风能资源评估、风电功率预测、生态与气候评价等，第 3 章包括大型风电机组整机设计与制造、数字化风力发电技术、新型风力发电技术等，第 4 章包括风电控制技术、风电优化调度技术和风电综合利用技术等，第 5 章从示范应用与推广、人才队伍培养、备选技术、支持政策等方面，提出了风能的发展建议。

由于时间仓促，书中难免存在不妥之处，欢迎读者批评指正。

编　者

目　　录

第1章 概　　述

风力发电（Wind Power Generation）是将风能蕴含的动能转换为电能的利用方式，简称风电。它是通过风力发电机组实现这种能量转换的，即风电机组的风轮将风的动能转换成机械能，再驱动风力发电机输出电能。

1.1　风能资源及发电特性

风能资源及发电特性决定了风能的利用特点，并因此影响风能技术的研究重点及发展方向。

1.1.1　风能低能量密度特性

风是一种人类熟悉的自然现象之一，它无处不在。纬度差异、海陆差异、海拔差异等原因使地表对太阳辐射的吸收程度不同，造成地球表面大气层受热不均，形成气压梯度力，在气压梯度力作用下，空气沿水平方向运动就形成了风。风能来源于空气的流动，而空气的密度很小，因此风力发电能量密度也很小，据统计，风力发电能量密度只有水力发电的 1/816。风力发电的低能量密度特性，给其利用带来一定的困难。所以要想提高风能的利用率，风力发电就需要很大的风电机组叶片来收集风能，这就会导致风电场的占地面积较大。就目前的发展技术来看，一台单机容量为 1.5MW 的风电机组叶片长度约为 37.5m，容量为 2.5MW 的叶片长度约为 40m。若建成一个

49.5MW 的风电场（由 33 台单机容量为 1.5MW 的风电机组组成），则需风电场场址轮廓面积达到 22km^2。

另外，风能低密度特性导致风电理论利用小时数（风电理论利用小时数等于风电年理论发电量除以其装机容量）与火电相比普遍偏低，由于运行以及市场机制等限制，实际利用小时数又低于理论利用小时数（风电实际利用小时数等于风电年实际发电量除以其装机容量）。图 1-1 展示了我国 2014～2019 年的风电利用小时数。由图可见，近几年我国风电的利用小时数在 1700～2100h 之间，远低于火电机组利用小时数（火电机组利用小时数为 4000～5000h）。

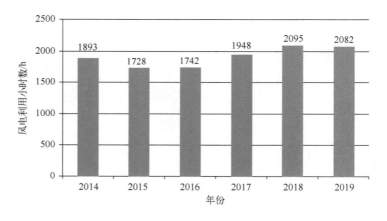

图 1-1　我国 2014～2019 年风电利用小时数（h）

1.1.2　风电出力特性

1. 风电功率与资源的相关性

（1）输出功率与风速的关系

风电场的输出功率随风的波动而波动。风电机组的风轮将风的动能转换成机械能，再驱动风力发电机输出电能：

$$P_{\mathrm{v}} = \frac{1}{2}\rho_{\mathrm{air}}v^3\pi R^2 C_{\mathrm{p}} \tag{1-1}$$

式中，P_{v} 为风轮输出功率（kW）；ρ_{air} 为空气密度（kg/m³）；v 为风速（m/s）；R 为风轮扫风面的半径（m）；C_{p} 为风轮的功率系数。风电机组输出功率与风速的三次方成正比，因此风速是影响风电机组/风电场输出功率的最重要因素。

在标准空气密度下某双馈变速型风电机组的功率曲线如图 1-2 所示。

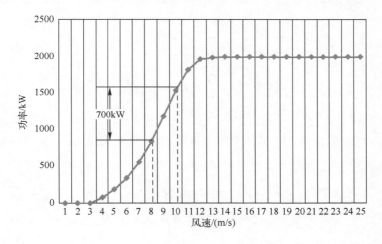

图 1-2　双馈风电机组功率曲线

从图 1-2 中可以看出，在功率曲线较陡的区域，较小的风速变化会引起较大的功率变化，风速变化 2.5m/s，功率变化 700kW 左右。

（2）输出功率与风向的关系

风向对功率的影响可从两方面来理解：一方面，根据风向的埃克曼螺线可知，风向在风轮扇面上并不总是一致的，风电机组的偏航装置可以根据轮毂高度的风速计和风向标使风轮对准来风方向，但扇面上其他高度的风向对风电机组的出力会有一定的影响。另外，风电机组的偏航装置有一定的滞后，风电机组并不能总是正对来风方向。另一方面是尾流对风电场输出功率的影响。一般，风电场由很多风电机组组成，由于风能被风电机组叶轮吸收，风轮后面的风速降低，这就是尾流。由于上风向的风电机组尾流的影响，下风向风电机组捕获的风能减少，相应风电机组的出力也会降低。为了减小尾流对下游风电机组的影响，各风电机组之间相隔一定的距离，通常相邻两台风电机组的横向间距是 3～5 倍的叶轮直径，纵向间距是 5～8 倍的叶轮直径。

为了进一步定量分析风向对风电场输出功率的影响，定义风电场的效率系数 μ 为

$$\mu = \frac{P_\mathrm{m}}{P_\mathrm{f}} \qquad (1\text{-}2)$$

式中，P_m 为实测的风电场在一定风速和一定风向下的输出功率；P_f 为风电场在一定风速和风向下不受尾流影响的输出功率。

某风电场的效率如图 1-3 所示。从图 1-3 中可以看出，风速较低时，由于尾流和粗糙度的影响，在某些风向下风电场效率较低，在风速为 4m/s 时，效率降到 65%。同时可以看出，风速越大，风电场效率系数越高，风速超过额定风速一定量后，后面机组的风速也超过额定风速，此时尾流效应不影响输出功率，风电场在任何风向下效率系数都为 100%。

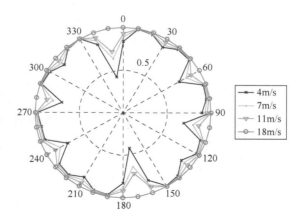

图 1-3　风电场在不同风速、风向下的效率

（3）输出功率与空气密度的关系

在式（1-1）中，有空气密度 ρ_{air}，ρ_{air} 的大小直接关系到捕获的风能的多少。图 1-4 为双馈变速风电机组 V52-850 在不同空气密度下的功率曲线。在风速为 11m/s 时，空气密度分别为 1.225kg/m³ 和 1.060kg/m³ 的风电机组输出功率差值达到 74kW。

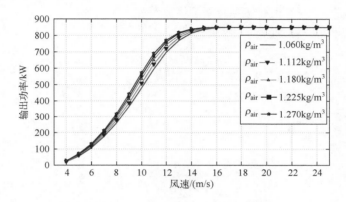

图 1-4　不同空气密度下风电机组的功率曲线

如果不考虑风电场内各风电机组之间的尾流效应，风电场输出功率与空气密度的关系就与风电机组和空气密度的关系基本一致。如果一个风电场有 100 台 850kW 的风电机组，总装机容量为 85MW，在不同空气密度下的最大功率偏差为 7.4MW，占总装机容量的 8.7%。实际运行中，风电机组出力并不严格服从这些功率曲线，在不同空气密度下输出功率偏差可能更大。因此，在风电功率预测中必须充分考虑空气密度的影响。

空气密度与气压、气温和湿度有关。依据空气状态方程，空气的气压、气温和湿度三个量相互影响。因此，在风电功率预测中要考虑气压、气温和湿度对风电场输出功率的影响。但这些关系都具有较强的非线性特征，很难用单调函数描述。

2．风电出力时间特性

受气压梯度力影响，风时有时无，时大时小，在一定程度上，呈现出波动性和随机性的特点，利用风速可以很好地描述这种特点。图 1-5 为某风电场的典型日风速曲线，风速采集频率为每 15min 一次，24h 共采集 96 次。由图可以看出，风速具有很强的波动性与随机性，在一天之中，风速最低时为零，最高时可达到 7m/s。

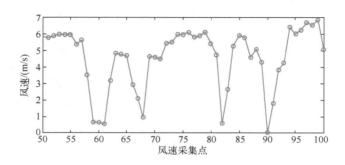

图 1-5　某风电场典型日风速曲线图（部分）

由于风能具有随机性、间歇性以及一定的时间分布特性，因此风电出力也具有以上特点。

（1）风力发电的随机性

由于风电出力具有较强的随机性，这就使得风电场全年的出力水平有高有低，出力水平差别巨大。通过分析全年出力水平的概率分布和出力累积概率分布，可以具体描述出风力发电的随机性。图 1-6 和图 1-7 分别为某省 2010 年全年风电出力概率分布图和出力累积概率分布图。由图可以看出，风电出力概率分布具有一定的规律性，随着出力水平的增加，概率分布呈指数下降，出力小于装机容量 20%的概率达到了 53%以上，全年有超过 90%的时间，风电出力不到装机容量的 50%。

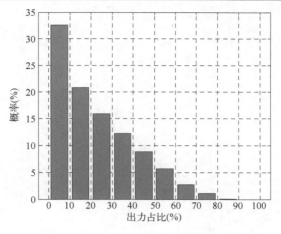

图 1-6　某省全年风电出力概率分布图

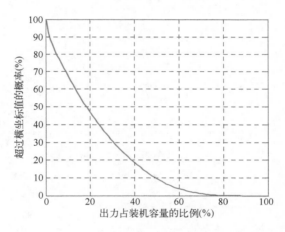

图 1-7　某省全年出力累积概率分布图

（2）风力发电的波动性

　　风电出力具有明显的波动性。分析风电在某一时间间隔内的最大波动概率分布可以很好地描述风电的波动特性。其中，最大波动是指某一时间间隔内最大值与最小值的差值，若最大值出现在最小值之后则差值为正，最大值出现在最小值之前则差值为负。图 1-8～图 1-10 分别给出了某省全年风电出力在不同时间尺度下的最大波动概率分布情况，其中，1 天的全年最大波动达到了 **86.09%**。

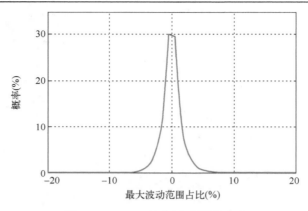

图 1-8　15min 最大波动概率分布

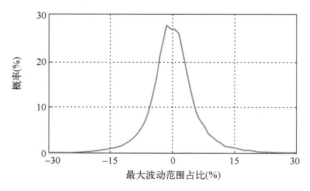

图 1-9　1h 最大波动概率分布

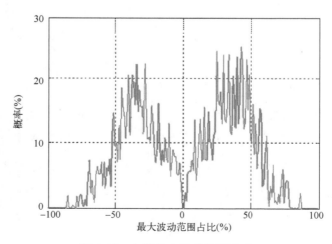

图 1-10　1 天最大波动概率分布

从图 1-8～图 1-10 可以看出，风电最大波动的概率分布都近似均匀地分布在 0 左右，且时间间隔越长，集中度越低，即随着时间间隔的增大，最大波动的值也越来越大。另外，对于短时间的时间间隔，如 15min，虽然最大波动主要集中在±10%以内，但也有可能出现较大波动。这样大的短时波动将对电网安全运行带来很大影响，因此在实时调度运行过程中，应对短时波动给予关注，时刻为风电的波动预留充足的备用容量。

（3）风力发电的时间分布特性

风是由地表的气压梯度力造成的，而气压梯度力是由于太阳辐射造成的地面不均匀受热引起的，所以风能的最初来源是太阳。由于太阳辐射具有日内循环和季节性循环的特点，因此风电出力受太阳辐射的变化，呈现出一定的时间分布特性。我国内陆风电功率具有明显的昼夜差异。上午前后是风电的低谷阶段，而夜间至凌晨是风电容量因数最高的时段。图 1-11 给出了某省2010 年各时段内的风电功率平均值。由图可以看出，风电具有明显的"昼低夜高"规律，说明风力发电在时间尺度上具有很强的规律性。由图 1-11 还可以看出，受夜间风大的影响，风电在夜间的出力明显高于白天，尤其是 21点以后。

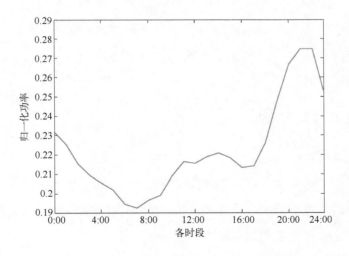

图 1-11　某省 2010 年各时段内的风电功率平均值

另外，受季节性的影响，我国风电电量主要集中在春、冬两季，约占全年发电量的 60%。图 1-12 给出了某风电场某年各月的归一化平均风电功率，由图可以看出，春季、冬季风资源情况较好，而夏季风资源相对较差，这是我国风能资源的普遍特点。风力发电的时间分布特性将影响全年的电量平衡，因此需要根据本地区风资源的特点，在电量平衡时提前考虑。

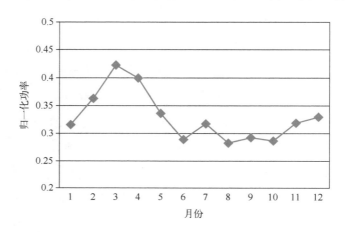

图 1-12　某风电场某年各月归一化平均风电功率曲线图

图 1-13 给出了某省四个典型月各时段的风电功率平均值，由图可以看出，代表夏季的七月平均功率最小，并且一天内波动也相对较小，白天与夜间的出力相差并不大。而代表春季的四月，平均功率相对较大，并且"昼低夜高"的特征明显。

3．风电出力空间特性

（1）空间相关性

受风电场（群）所占区域的地形地势、风电机组排列方式以及接入并网点风电场数目、容量等因素的影响，风电功率波动在不同空间尺度上形成差异，使风力发电具有空间相关特性。

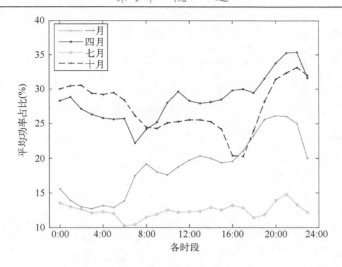

图 1-13 四个典型月各时段的风电功率平均值

同一地区内的风电出力具有相似性，这种相似程度可以用相关系数来表示。相关系数越高，表示两组风电出力相关性越大，相似程度越高；相关系数越低，则表示两组风电出力相关性越小，相似程度越低。表 1-1 展示了同一风电场内相邻的两台风电机组，同一地区的相邻两个风电场，以及两个相邻省份全年的风电出力的相关系数。

表 1-1 相邻风电出力的相关系数值

风电出力数据	相关系数
相邻风电机组	0.7259
相邻风电场	0.4437
相邻省份	0.3484

由表 1-1 可以看出，相邻省份的风电出力相关系数最小，相邻风电机组的相关系数最大，因此在地域上越接近的风电出力，相关系数越高。然而，虽然风电机组之间的距离最小（仅百余米），相似程度最高，但由于风速受地形和尾流等综合因素影响，两台风电机组出力也不尽相同，相关系数也仅

为 0.7259。图 1-14 显示了这两台相邻机组在一天中的实际功率曲线，由图可以看出，相邻的风电机组的实际功率具有很高的相似性，出力趋势基本一致，但并不完全相同。图 1-15 显示了两个相邻风电场在某一天的实际功率曲线，与图 1-14 相比两个相邻风电场的相似度明显降低，出力趋势出现较大偏差，在波峰波谷处差距更为明显。

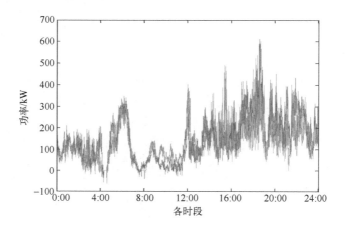

图 1-14　相邻风电机组实际功率对比

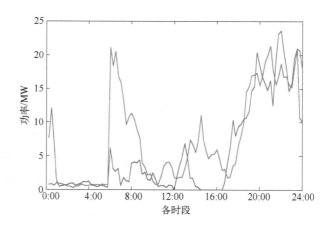

图 1-15　相邻风电场实际功率对比

造成这种现象的原因是，当来大风或来小风时，风峰、风谷依次经过不同地理位置的风电场，各风电场出力变化的时刻及速率均不相同。因此，随着风电场区域的逐渐增大，风电出力的相关性在逐渐减小。

（2）空间平滑效应

在风力发电中，由于风电场内部各风电机组所在的地理位置不同，所以来风时，不同的风电机组在同一时刻的出力水平会有所不同。这种不同的出力水平会使得风电机组出力的波动可以相互抵消，平抑整个风电场出力的波动性，使其具有一定的互补性。这种特性不仅存在于单个风电场内部，也存在于风电场与风电场之间，以及区域风电场之间。图 1-16 和图 1-17 显示了单个风电场、辽宁省内各个风电场和整个东北地区风电场小时出力和周出力的情况，从图中可以看出，随着风电机组的增多，风电场覆盖区域范围的扩大，各风电机组间的互补性也将增强，功率的波动随风电规模的增大趋于缓和，使之具有平滑效应。

因此，受空间分布的影响，风电场之间的距离和风电场规模的大小都对风电出力的波动性有一定影响，其表现为在特定区域内，不同位置的风资源波动性可以相互抵消，使得区域整体出力的总体波动性减弱，即风电出力的空间平滑效应。

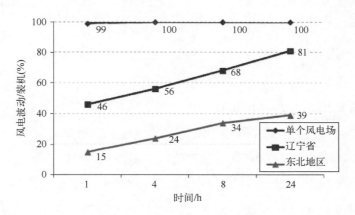

图 1-16　不同范围内风电 24h 出力波动

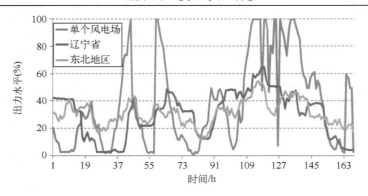

图 1-17 不同范围内一周风电出力

1.2 我国风电发展情况和展望

1.2.1 我国风电发展历程

长期以来，我国以化石能源为主的能源供应体系带来了巨大的资源和环境压力，经济社会持续发展和资源环境约束的矛盾日益突出。在国家能源战略引领和政策驱动下，我国风电行业从无到有、从小到大。总体看，我国风电产业发展经历了三个阶段。

1）第一阶段（2005 年以前），风电发展规模小，重在设备国产化和示范试点。

我国风电发展始于 20 世纪 80 年代，重点是研发风电技术，列为国家"七五"计划重点科技攻关项目，先后在多个地区开展试点。1986 年 5 月，我国第一个风电场在山东荣成马兰湾建成，其安装的 Vestas V15-55/11 风电机组，是由山东省政府和航空工业部共同拨付外汇引进的。此后，各地又陆续使用政府拨款或国外赠款、优惠贷款等引进了一些风电机组，风电在我国开始成长。1995 年，国家实施"双加工程"，安排 8 个风电项目，总投资近

12 亿元，推进风电机组制造大型化和国产化，培育风电产业发展，初步掌握了 600kW 级风电机组生产能力。2003 年以来，国家陆续组织多期风电特许权项目招标，通过市场竞争形成风电上网电价，推动风电规模化、商业化开发。至 2005 年年底，全国风电装机容量达 106 万 kW。

2）第二阶段（2006～2015 年），以《中华人民共和国可再生能源法》实施为标志，国家出台风电发展规划，提出建设 9 个大型风电基地，风电进入快速发展阶段，安全运行和高效消纳的挑战显现。

2006 年 1 月 1 日，《中华人民共和国可再生能源法》开始施行。在国家政策激励下，地方政府、制造企业、开发企业的积极性空前高涨。"十一五"期间，由于风电机组制造门槛低，厂商品牌众多，仅主机制造商就超过 100 家。风电装机容量连年翻番，2006～2010 年年均增速高达 97%。由于风电发展基数小，开发规模整体不大，2010 年年底全国风电装机容量为 2958 万 kW，仅占全国电源总装机容量的 3%，基本没有出现弃风，全国风电平均发电利用小时数达到 2000h 左右。2010 年 8 月 31 日，上海东海大桥 10 万 kW 海上风电示范项目风电场全部 34 台华锐风电 SL3000 机组，顺利完成海上风电场项目 240h 预验收考核。中国成为继欧洲之后，最先拥有海上风电的国家。

2009 年，国家发布风电标杆上网电价，进一步调动了地方政府和发电企业开发风电的积极性。为加快项目核准，开发企业将大量整装风电场拆分为 5 万 kW 以下，由省级政府核准。2009～2011 年期间，我国风电核准项目 90% 以上为 4.95 万 kW，媒体称之为"4.95 现象"。由于当时风电机组标准低，不具备低电压穿越等基本功能，留下安全隐患。2011～2012 年，全国多个地区连续发生大规模风电脱网事故。2011 年 4 月 25 日，甘肃一次脱网风电机组达到 1278 台。针对风电大规模脱网等问题，国家组织修订了《风电场接入电力系统技术规定》等相关标准，增加了低电压穿越、功率预测等多项要求。同时，国家能源局、原国家电监会陆续出台多项政策文件，强化风电并网管理，强制风电检测，2013 年以后，基本控制了大规模风电脱网事故的发生。

"十二五"初期，国家发布《风电发展"十二五"规划》，提出到 2015 年风电装机容量规模达到 1 亿 kW，同时规划了 9 个千万 kW 级风电基地。在国家规划引导下，甘肃、新疆、吉林、蒙东、蒙西、冀北等地区，风电进入大规模发展阶段。地方政府规划的规模普遍大于国家规划，风电呈现大规模、集中、高速发展态势。甘肃、新疆、吉林、蒙东、蒙西、冀北"十二五"风电装机容量年均增速分别达到 52%、75%、15%、21%、17%、25%。到 2015 年初，全国风电装机容量规模已经达到 1 亿 kW，提前 1 年完成规划目标。

此阶段，风电迅猛发展，但由于未考虑与电网以及其他电源的协调规划，电力系统的新能源消纳能力不能满足并网新能源的需求，消纳矛盾逐渐显现。从"十二五"初开始，少数省区开始出现弃风。2011 年，甘肃、蒙东弃风电量分别达到 10.4 亿 kW·h、27 亿 kW·h，但风电快速发展势头并没有因此受到影响，一些地区"边弃边建，边建边弃"，弃风问题愈演愈烈。甘肃省弃风电量逐年攀升，2015 年达到 82 亿 kW·h，弃风率 39%；新疆"十二五"期间由不弃风发展到大量弃风，2015 年弃风电量达到 71 亿 kW·h，弃风率 33%，成为我国弃风最严重的地区之一。到"十二五"后期，弃风问题开始引起社会各界广泛关注和政府有关部门的高度重视。2015 年，国家出台《关于进一步深化电力体制改革的若干意见》（中发〔2015〕9 号），提出采取措施，优先保障新能源消纳，有序缩减发用电计划。有关方面开始研究对策，但并没有出台实质性政策和措施。

3）第三阶段（2016 年至目前），国家开始注重风电与电力系统协调发展，经多措并举，弃风限电情况有所缓解。

此阶段，国家开始采取措施，解决消纳难题。"十三五"初期，国家发布《风电发展"十三五"规划》，对风电发展总量进行了控制。国家"十三五"能源规划提出，2020 年风电发电规模为 2.1 亿 kW，规划的总装机容量规模比征求意见稿减少了 8000 万 kW。2017 年，国家能源局建立风电项目投资监测预警机制，严控弃风限电严重地区风电发展。国家发展和改革委员会下发有序放开发用电计划的通知，逐步放开发用电计划，为新能源消纳腾出市场空间。2018 年，国家发展和改革委员会、国家能源局共同印发《清洁能源消纳行动计划（2018—2020 年）》，明确提出，到 2020 年，弃风率力争控制在 5%左右。经多措并举，2019 年全年弃风电量为 168.6 亿 kW·h，同比减少 108.4 亿 kW·h，平均弃风率为 4%，同比下降 3 个百分点，弃风限电状况明显缓解。2019 年全国风电平均利用小时数为 2082h。风电运行指标与国际先进水平相当，连续 6 年未发生大规模风电机组脱网事故。

综上所述，我国风电产业取得了举世瞩目的成就，在能源结构优化和绿色发展转型中发挥了重要作用，风力发电设备制造、功率预测、试验检测、并网运行等技术已经达到国际先进水平。

1.2.2 我国风电开发利用现状

我国是全球风电规模最大、发展最快的国家。2005～2015 年风电并网容量 10 年增长 100 倍，风电和装机容量居世界第一位。2019 年，全国新增风电装机容量超过 2500 万 kW，截至 2019 年年底，我国风电并网容量达 2.1 亿 kW，约占全国全部发电装机容量的 10.45%，如图 1-18 所示。我国风电装机容量规模持续保持全球第一。

截至 2019 年年底，8 个省级电网风电装机容量超过千万 kW。内蒙古、新疆、河北、甘肃、山东、山西、宁夏、江苏、云南、辽宁、河南、黑龙江等 12 个省份的装机容量均超过 600 万 kW。其中，内蒙古风电装机容量超过 2000 万 kW，新疆、河北、甘肃、山东、山西、宁夏、江苏风电装机容量超过 1000 万 kW，如图 1-19 所示。

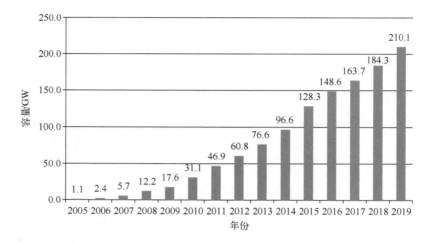

图 1-18　我国风电历年累计并网容量

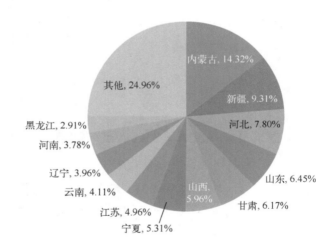

图 1-19　截至 2019 年年底风电装机容量各省份分布

2019 年，我国风电发电量为 4057 亿 kW·h，同比增长 9.8%，约占我国总发电量的 5.5%，风电设备平均利用小时数为 2082h，如图 1-20 所示。风电发电量占总发电量的比例由 2014 年的 2.8%提高到 2019 年的 5.5%。

图 1-20　2014～2019 年我国风电发电量

　　风电的持续快速发展已经远超电网承载能力，部分地区风电消纳矛盾突出。来自风能协会的数据表明，弃风限电早在 2009 年就开始显现，2011 年全国风电限电超过 100 亿 kW·h。国家能源局的相关数据显示，2012 年我国风电以北方地区为主，弃风限电超过 200 亿 kW·h，比 2011 年增加近一倍，而由此导致风电场运行经济性下降，造成的经济损失超过 100 亿元。国家能源局下发《关于做好 2013 年风电并网和消纳相关工作的通知》，该通知明确提出，把风电利用率作为年度安排风电开发规模和项目布局的重要依据，风电运行情况好的地区可适当加快建设进度，风电利用率很低的地区在解决严重弃风问题之前原则上不再扩大风电建设规模。2013 年风电消纳情况开始出现好转，弃风率降至 11%，2014 年上半年更进一步降至 8.5%。2015 年和 2016 年，我国全国平均弃风率均处高位，分别为 15.0% 和 17.1%；2016 年弃风电量接近 500 亿 kW·h。2017 年、2018 年，弃风限电情况得到明显改善，在装机容量不断增加的情况下，2017 年全国弃风电量为 419 亿 kW·h，弃风率为 12%；2018 年全国弃风电量为 277 亿 kW·h，弃风率为 7%，实现弃风电量和弃风率"双降"。2019 年，经多措并举，弃风率进一步下降，全年弃风电量为 168.6 亿 kW·h，同比减少 108.4 亿 kW·h，平均弃风率为 4%，同比下降 3 个百分点，"三北"地区风电消纳难题明显好转。2019 年，弃风仍较为严重的地区是新疆（弃风率为 14.0%、弃风电量为 66.1 亿 kW·h）、甘肃（弃风率为 7.6%、弃风电量为 18.8 亿 kW·h）和内蒙古（弃风率为 7.1%、弃风电量为 51.2 亿 kW·h）。三省（区）弃风电量合计 136 亿 kW·h，占全国弃风电量的 81%。图 1-21 为 2011～2019 年我国弃风量和平均弃风率情况。

图 1-21　2011～2019 年我国弃风量和平均弃风率

风电高效消纳难题已成为制约我国风电持续健康发展的重要因素，影响我国风电消纳的主要原因有以下几个方面。

（1）风电装机分布不均衡，与负荷呈逆向分布

截至 2019 年年底，"三北"地区风电累计装机容量为 146.9GW，占全国风电装机容量的 70%；但 2019 年"三北"地区全社会用电量约占全国用电总量的 42%。

（2）风电与电网规划脱节，跨省跨区输送能力不足

西北和东北的部分省区用电水平相对较低，新能源规模与本地消纳能力严重失衡，必须通过外送解决新能源的消纳问题。"十二五"期间，可再生能源基地送出通道并未落实。截至 2019 年年底，"三北"地区建成投运了锡

盟-山东、灵邵和天中等特高压输电工程，但仍不能满足新能源跨省跨区输送需求，且锡盟-山东特高压交流输送可再生能源电量为 0。东北、华北地区目前的跨区输电能力只占新能源装机容量的 24%；而丹麦外送通道输电容量是风电装机容量的 1.1 倍。

（3）系统调节能力不足

电源结构中火电机组占比高，灵活电源少，目前，火电仍是我国装机容量占比最高的电源，我国火电装机容量占全部电源装机容量比例超过50%，而美国和西班牙灵活电源（水电、燃油燃气、抽蓄）则达到新能源的8.5 倍和 1.5 倍。机组调峰能力不强，供热机组快速发展，我国火电调峰能力普遍只有 50%左右，"三北"地区的供热机组在供暖期只有 15%～25%的调节能力，且"三北"地区供热机组快速增长。2006～2016 年，东北三省供热机组装机容量增速为实际供热量增速的 2.3 倍。相比之下，西班牙、丹麦等国家的火电机组都具备深度调峰能力，可调节出力高达 80%。

（4）现有电力市场机制不适应高比例风电消纳

随着我国电力市场建设起步，多地区提出了基于中长期电量交易的发电权置换、大用户交易等风电市场化交易品种。但当前仍无电力现货市场，发电侧普遍没有峰谷电价，无法反映发电侧供求关系，不利于发挥风电低边际成本优势。风电的固定电价与固定补贴制度在一定程度上为其消纳造成了阻碍。一方面，风电相比火电而言没有价格优势，电力富余时无法与调节灵活的火电相竞争，电网公司接纳风电没有激励机制，购电省份消纳风电的意愿不强；另一方面，我国目前的调峰辅助服务补偿机制并不完善，常规电源参与系统调峰积极性不足，用电侧灵活价格机制基本处于空白状态，不利于提高负荷调峰能力。

1.2.3 我国风电发展展望

大规模风能开发利用顺应了国际能源的发展趋势，有助于促进我国能源转型，推动能源消费革命、供给革命和技术革命，实现清洁、低碳、安全和可持续发展。未来，为实现我国 2030 年非化石能源消费占能源消费比重达到 25%的目标，能源发展只有从化石能源转向风电等非化石能源，风电仍将保持持续快速发展。目前，多家权威机构和个人对风电的发展趋势分析做了大量的研究工作。

（1）国网能源研究院对风电发展趋势的分析

风电的装机容量、发电量是衡量其发展规模的重要指标。在国网能源研究院发布的研究报告《中国能源电力发展展望 2019》中，针对我国能源发展面临的化石能源占比高、油气对外依存度高、单位产值平均能耗高的"三高"问题，以电气化和清洁能源发展为重点，设置常规转型和电气化加速两个情景，展望了面向 2035 年和 2050 年的我国电力发展，并给出了量化指标。

能源需求总量方面，预计我国终端能源需求总量在"十四五"期间保持低速增长，2030 年后进入峰值平台期，总量稳定在 39 亿～41 亿 t 标准煤。能源供给结构方面，预计一次能源持续调整优化，化石能源需求量在 2025 年前后达峰，"十四五"期间煤炭需求规模仍处峰值平台期，2025 年后快速下降。非化石能源占一次能源比重稳步提升，2025 年超过 20%，2050 年达到 50%以上；风能、太阳能保持快速增长，预计分别在 2030 年、2040 年前后超过水能，成为主要的非化石能源品种。

风电装机方面，预计"十四五"期间，我国年均新增风电、光伏装机容量约 6500 万 kW，到 2025 年，风电、光伏装机容量均将达到 4 亿 kW，分别是 2019 年年底风电、光伏装机容量的 1.9 倍和 2.0 倍，布局向东中部地区倾斜，风电发展进入平价上网时代。陆上风电、光伏发电将是我国发展最快的电源类型，2050 年在电源结构中的占比超过一半，发电量占比接近 40%，如图 1-22 所示。中长期来看，风电布局仍将以"三北"地区集中式开发为主，光伏发电装机宜集中式与分布式并重。我国非化石能源发电量占比将由当前的约 30%提升为 2035 年的 55%～60%、2050 年的 75%～80%。

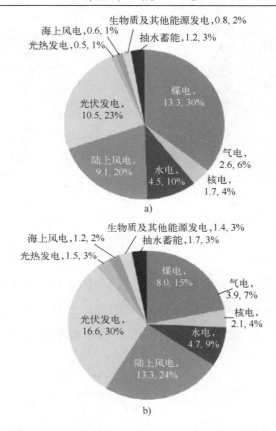

图 1-22　电气化加速情景下各类电源装机容量（亿 kW）及占比

a) 2035 年　b) 2050 年

（2）中国科学院对风电发展趋势的分析

周孝信院士等在中国科学院咨询项目《我国新一代能源系统战略研究》报告中，提出了"基于能源战略目标估算模型"，对我国未来电网中电源发展形态做出预测。根据我国能源发展目标，对 2030 年、2050 年我国电力系统场景进行估算，分析得到 2030 年我国电力系统总装机容量为 28.74 亿 kW，其中风电装机容量为 4.89 亿 kW，占比 17%，2030 年各类型电源总发电量为 9.84 万亿 kW·h，风电发电量占比为 10%。各类型电源的装机容量、发电量及其占比如图 1-23 所示。

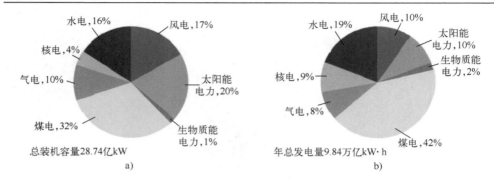

图 1-23　2030 年能源目标方案的电力系统场景装机容量、发电量及其占比估算

a）装机容量及占比　b）发电量及占比

不考虑非化石能源的直接利用方式，预计我国 2050 年电源总装机容量为 52.08 亿 kW，其中风电装机容量为 14.38 亿 kW，占比 27%；2050 年各类型电源发电量为 12.14 万亿 kW·h，其中风电发电量为 2.59 万亿 kW·h，占比 21%。计算得到的 2050 年我国各类型电源装机容量、发电量及其占比如图 1-24 所示。

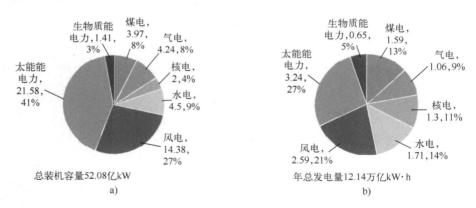

图 1-24　2050 年能源目标方案的电力系统场景装机容量、发电量及其占比估算

a）装机容量及占比　b）发电量及占比

注：根据最新的 2030 年前碳达峰、2060 年前碳中和的发展目标，新能源发电仍将快速发展，预计其发展速度将超出此前预测。

1.3　我国风能发展存在的问题和挑战

　　总体来看，我国在风能开发利用、装备研制等方面已经取得显著成绩，产业和利用规模世界第一，但与国际风能利用先进国家相比，我国风能技术水平总体处于跟跑阶段，个别技术（低风速风电机组）处于国际领先水平。我国风能产业存在着一些差距和制约行业发展的问题，主要表现在：

　　1）基础性研究不强、原创性成果较少，没有形成与产业规模相匹配的具有世界影响力的国家级公共平台。

　　2）缺乏清晰系统的风能技术创新发展路线和长期发展思路，也缺少连续、滚动的研发投入计划和资金支持。

　　3）部分地区弃风限电压力依然很大。2018 年，全国弃风电量为 277 亿 kW·h，平均弃风率为 7%；2019 年，经过多措并举解决新能源消纳难题，弃风限电情况大大缓解，但全国弃风电量仍有 168.6 亿 kW·h，平均弃风率为 4%。有三个省（区）弃风率超过 7%，弃风电量合计 136 亿 kW·h，占全国弃风电量的 81%。随着未来我国风电并网装机比例的不断提高，风电并网安全运行带来的电力系统运行风险不断增大、部分地区弃风限电压力依然很大。此外，风电发展与环境生态之间的关系一直存有争议、风电装备技术水平也还需要不断提升质量，相关存在问题对未来我国更大规模风电可持续发展形成了巨大挑战。

　　我国风能发展的总目标：实现我国风电持续规模化健康发展，持续增加风电在电力结构中的比重，使风电成为对调整能源结构、应对气候变化有重要贡献的新能源。因此，为实现我国风能的规模化发展和经济性提升，亟须通过创新战略研究确定我国风能与国际水平的相对发展水平，推动建立适合我国资源环境特点和能源结构的风能技术创新体系，为国家风能研发计划的设立和实施提供支撑，促进自主知识产权的风能关键技术开发，切实解决制约我国风能规模化开发的科学问题与技术瓶颈，支撑我国可再生能源大规模低成本开发利用，支持风能产业规模继续保持世界第一，支撑技术尽快赶超世界先进水平。

基于上述风能发展的背景现状，在中国工程院重大咨询项目"我国能源技术革命的技术方向和体系战略研究"的支持下，课题组开展了"风能技术方向研究及发展路线图"课题研究工作，目的在于全面掌握我国风能应用技术的总体现状，以及制约风能技术发展的主要因素，研判未来风电技术的发展趋势，提出我国近期、中期、远期的风能技术发展目标和路线图，更积极有效应对大规模风电发展带来的挑战，从而更好地服务我国风电行业的健康发展。

本书涵盖了"风能技术方向研究及发展路线图"课题的研究成果，全书共5章。第1章为概述，介绍风能资源及发电特性、我国风电发展情况和展望以及风能发展存在的问题和挑战；第 2～4 章分别从风能资源与环境评价、风力发电装备和风电高效利用三个主要方面，详细阐述了我国风能应用技术的现状、差距和瓶颈、发展趋势和需求、发展目标、重点任务、研发体系和近期（2020 年前后）、中期（2030 年）、远期（2050 年）的技术发展路线图等。其中，第 2 章的重点技术包括风能资源评估、风电功率预测、生态与气候评价等；第 3 章包括大型风电机组整机设计与制造技术、数字化风力发电技术、新型风力发电技术等；第 4 章包括风电控制技术、风电优化调度技术和风电综合利用技术等；第 5 章从示范应用与推广、备选技术、支持政策等方面，提出了风能的发展建议。

第 2 章 风能资源与环境评价

风能资源评价是风电开发利用的基础，风电开发的环境评价影响其持续健康发展，本章重点关注风能资源评估技术、风电功率预测技术和生态与气候评价技术等。

2.1 国内外研究现状分析

2.1.1 风能资源评估

地球上的风能资源十分丰富，根据相关资料统计，每年来自外层空间的辐射能为 1.5×10^{18} kW·h，其中 2.5% 的能量被大气吸收，产生大约 4.3×10^{12} kW·h 的风能。风能资源受地形的影响较大，世界风能资源多集中在沿海和开阔大陆的收缩地带。8 级以上的风能高值区主要分布于南半球中高纬度洋面和北半球的北大西洋、北太平洋以及北冰洋的中高纬度部分洋面上，大陆上风能则一般不超过 7 级，其中以美国西部、西北欧沿海、乌拉尔山顶部和黑海地区等多风地带风力较大。

欧洲是世界风能利用最发达的地区，其风能资源非常丰富。欧洲沿海地区风能资源最为丰富，主要包括英国和冰岛沿海、西班牙、法国、德国、挪威的大西洋沿海以及波罗的海沿海地区，其年平均风速可达 9m/s 以上。北美洲地形开阔平坦，其风资源主要分布于北美大陆中东部及其东西部沿海以及加勒比海地区。美国中部地区，地处广袤的北美大草原，地势平坦开阔，其年平均风速均在 7m/s 以上，风资源蕴藏量巨大，开发价值很大。国外风能资源分布情况见表 2-1。

表 2-1　国外风能资源分布情况

地　　区	陆地面积/km^2	风力为 3～7 级所占的面积/km^2	风力为 3～7 级所占的面积比例（%）
北美	19339	7876	41
拉丁美洲和加勒比	18482	3310	18
西欧	4742	1968	42
东欧和独联体	23049	6783	29
中东和北非	8142	2566	32
撒哈拉以南非洲	7255	2209	30
太平洋地区	21354	4188	20
中亚和南亚	4299	243	6

现有的风能资源评估技术方法主要分为传统的基于观测资料进行评估的数理统计方法和基于数值模拟技术的评估方法。

传统的数理统计方法又可分为通过对气象站历史观测资料内插或外推进行的评估，以及在待建风电场特定位置安装测风塔的基于测风塔观测资料的评估。自 20 世纪 70 年代以来，人们建立了大量的统计模型来解释风速的频率分布，并估计风力输出的能量，如威布尔分布、Gumbel 分布等。与数值模拟法相比，数理统计方法计算时间短且计算效率高，但模拟准确度不高。国内学者夏丽丽等人选取威布尔分布、正态分布、瑞利分布等，应用极大似然方法进行参数估计，选取决定系数 R_2、卡方检验、均方根误差（RMSE）和贝叶斯信息准则（BIC）进行拟合优度检验，并在直方图画出拟合曲线以及 QQ 图进行直观分析，利用所选分布计算各个站点理论风电功率密度与实际风电功率密度，并比较相对误差，从而对风能资源进行评估。Usta 提出了一种新颖的基于功率密度法的威布尔参数估计方法，该方法以解析形式表示，无需大量的数值计算或任何迭代过程，与 6 种常用的威布尔参数估计方法的比较结果表明，该方法具有更高的精度和效率。Gumbel 分布在西方的一些国家有广泛的运用，尤其运用于极大风速的计算。国外学者 Aydin 采用 Gumbel 分布对风速数据进行建模，并考虑了采用其他方法对风速参数进行估计。参数估计的方法有最小绝对偏差法、加权最小绝对偏差法、中值/MAD 法和最小中值平方法。根据偏置、均方差和总均方差准则，对有和无离群值的数据进行蒙特卡罗模拟研究。仿真结果表明，在许多情况下，对于具有异常值的数据，最小二乘估计和中值/MAD 估计方法比其他方法更有效。为解决传统的数理统计方法评估准确性不高的问题，有学者研究将人工智能技术用于风能资源评估。解放军理工大学郑崇伟等人对巴基斯坦瓜达尔港在 1979~2014 年期间风能资源的历史变化趋势进行了分析，并利用 BP 神经网络和线性回归两种方法，对其风能资源进行长期预测。湖南大学王娜等人用不同的方法训练神经网络，并采用自适应粒子群算法进行优化；导入气象站观测数据，得到风电场的长期风速特性，在此基础上进行风资源评估参数计算，该方法可综合利用风电场附近的区域信息进行评估。

由于气象观测站点比较稀疏，且多位于城市郊区，不能充分反映风能资源的空间变化情况，因此目前对于区域评估国内外均认为基于数值模拟的资源评估方法是较为科学的方法。基于数值模拟技术的方法主要是应用数值模式模拟某一地区的风况，将模拟结果作为风能资源评估的基本资料开展评估，这种方法不仅可以用于无测风记录区域的风资源状况分析，而且对风电场选址也有一定的指导作用。从理论上讲，建立在对边界层大气动力和热力运动数学物理描述基础上的数值模拟技术要优于仅仅依赖气象站观测数据的空间插值方法。从实际应用看，数值模拟方法可得到较高分辨率的风能资源空间分布，可更精确地确定可开发风能资源的面积和风电机组轮毂高度的可开发风能储量，更好地为风电开发中长期规划和风电场建设提供科学依据。

国外风能资源数值模拟评估的大量实验和事实证明，将数值模拟技术应用于风能资源评估是一种行之有效的方法，因此各国从数值模式、提升风电场运行能力、风能资源评估标准和风电场对环境的评价等各个角度开展了不同的研究计划。美国能源部开展 A2E（Atmosphere to Electrons）计划，联合众多大学和实验室从单个风电机组、风电机组集群、中尺度的资源评估，以及风电场对气候的影响等各个角度展开研究。欧洲 NEWA（New European Wind Atlas ERA-Net PLUS）计划将利用 5 年的时间研究欧洲的风特性数据库，并开发新一代的模式去适用该数据库。丹麦国家实验室 Risφ 通过 CREYAP（Comparative Resource and Energy Yield Assessment Procedure）项目对资源评估和风电场设计中的一系列问题进行评估研究，如评估和观测长期气候预测、数值模式中高精度地形、尾流效应、风电场建设过程中电器设计缺陷和其他不确定性因素等对风电场风能利用的影响。

20 世纪 70 年代末，中国气象局根据全国 600 多个气象台站实测资料，首次绘制中国风能资源分布图；80 年代末又采用 900 多个气象站观测资料对每个省（市、自治区）的风能资源储量进行了计算，得到全国陆地 10m 高度风能资源理论储量为 32.26 亿 kW，风能资源技术开发量为 2.53 亿 kW。2006 年在国家发展和改革委员会的组织下，中国气象局重新进行了第三次风能资源普查，利用全国 2384 个气象台站近 30 年的观测资料，对原来的计算结果进行了修正和重新计算，得到我国陆地上离地面 10m 高度风能资源理论储量为 43.5 亿 kW，风能资源技术开发量约为 2.97 亿 kW，技术开发面积约 20 万 km^2。

中国气象局进行前三次全国风能资源普查时，主要应用气象站风速监测数据。基于气象站观测资料的风能资源评估存在三方面的问题：第一，气象站测风高度只有 10m，很难准确推断风电机组轮毂高度的风能资源；第二，我国气象站的间距是 50～200km，东部地区气象站分布密度较大，西部地区分布稀少，不能较准确地定量确定一个区域可开发风能资源的覆盖范围和风能储量；第三，我国的气象站大多数都位于城镇，由于城市化的影响，城镇地区的风速相对较小，对风能资源评估结果有一定影响。

2005 年，中国工程院启动了重大咨询项目"中国可再生能源发展战略研究"，中国气象局在此项目研究中采用引进的加拿大气象局风能资源数值评估系统，制作了第一套中国风能资源数值图谱，并分析得到风电机组轮毂高度上的风能资源理论开发量。中国工程院将此成果收录在《中国可再生能源发展战略研究丛书》中并对外发布，由此，我国风能资源评估技术实现了革命性的进步，数值模拟技术在风电领域迅速发展。

2007 年，中国国家发展和改革委员会和财政部启动全国风能资源详查和评价工作（第四次风能资源普查），确立了采用数值模拟技术开展全国精细化风能资源评估的技术路线。项目在全国范围内建立了由 400 座 70m、100m 和 120m 测风塔组成的全国风能专业观测网，开发了由历史观测资料筛选、数值模式和地理信息系统（Geographic Information System，GIS）空间分析组成的中国气象局风能数值模拟评估系统（WERAS/CMA）。通过风能资源数值得到了水平分辨率为 1km×1km 的全国风能资源图谱，并在此基础上采用 GIS 空间分析方法剔除不可开发风能资源的地区，最终得到我国陆地（不包括青藏高原海拔高度超过 3500m 以上的区域）距地面 10～150m 每 10m 间隔的风能资源技术开发量。

据 2012 年中国风能资源详查和评价结果，我国陆地（不包括青藏高原海拔高度超过 3500m 的区域）50m、70m 和 100m 高度上风能资源技术开发量分别为 20 亿 kW、26 亿 kW 和 34 亿 kW。此外，在第四次中国风能资源详查中，采用风能资源数值模拟方法得到近海 5～50m 水深范围内 100m 高度上风能资源技术开发量约为 5.12 亿 kW。

风能资源的理论储量主要由气候条件决定，而技术开发量则不仅取决于气候条件，还与风能利用技术紧密相关。随着风能利用技术的进步，越来越多的风能资源可以得到利用。技术可开发面积随着技术发展和地貌的变迁而发生变化。如随着海上吊装、汇集等技术的发展，以及耐低温材料的发展等，较深海域和低温高寒区域逐步划入可开发面积中；农田草场等退化为裸土荒地后，也可划入可开发面积中；风电机组的风能利用效率在不断提高；低风速机组的研制给原来的风能资源贫乏区带来了风电经济效益。因此，仅仅用风功率密度 300W/m² 或 250W/m² 作为风能资源可利用性的判据是不科学的。2018 年中国气象局采用 2017 年主流风电机组的出力曲线，根据逐小时输出的风速数值模拟数据，计算出全国发电容量因子分布，通过 GIS 空间分析扣除不可用于风电场建设的区域后，得到全国100m 高度风能资源技术开发量为 34 亿 kW，中东部和南部 19 省（区）另有 5 亿 kW 的低风速风能技术开发量。我国历次风能资源普查得到的陆地风能资源储量的比较见表 2-2。

表 2-2　我国历次风能资源普查得到的陆地风能资源储量的比较

时　间	20 世纪 80 年代末	2006 年	2012 年	2018 年
基础资料和技术方法	气象站资料统计分析（900 多个）	气象站资料统计分析（2384 个）	全球大气环流模式再分析资料、气象站和 400 座测风塔观测资料以及数值模拟技术	全球大气环流模式再分析资料、气象站和 700 座测风塔观测资料以及数值模拟技术
离地面高度/m	10	10	10～150m 每 10m 间隔	10～300m 每 10m 间隔
水平分辨率	平均大约 100km×100km	平均大约 60km×60km	1km×1km	1km×1km（气候平均）+3km×3km（逐小时）
假设风电机组布设间距	10D×10D	10D×10D	10D×5D	10D×5D
风能资源技术开发量计算方法	所有风能资源等级的风能资源总储量的 1/10	在风功率密度大于 300W/m² 的风能资源总储量	在风功率密度大于 300W/m² 的风能资源覆盖面积的基础上，通过 GIS 空间分析剔除不可开发风电的区域后，单位面积装机容量大于 1.5MW/km² 的风能资源总量	采用轮毂高度 100m、叶片长度 109～140m 的 2～3.4MW 主流风电机组和 131m 叶片长度的 2.2MW 低风速风电机组分别计算发电容量因子；GIS 分析可利用面积，得到风能技术开发量
全国陆地风能资源技术开发量/亿 kW	2.53	2.97	25.67（70m 高度，不包括青藏高原）	34＋5（低风速资源）（100m 高度，包括青藏高原）

注：D 指风电机组叶轮直径。

海上资源评估与陆上的资源评估略有差异。基于观测资料的风能资源评估依赖于浮标、船舶以及已建海上风电场的测风塔等，但数据长度和连续性等较陆上差。高分辨率卫星反演数据空间连续性较好，近几年开始作为海上风能资源评估的重要数据源。基于大气数值模式的资源评估仍是海上资源评估的主要方法，与陆上的大气数值模式相比，用于海上风能资源模拟的大气数值模式需考虑海气能量交换过程和海浪对风能资源的影响，应基于大气数值模式耦合海洋模式和波浪模式。

综上所述，在区域资源评估过程中，国内外均采用数值模拟方法，差距较小。尽管现有资源评估得到的可再生能源技术开发量差异很大，但是所有研究都表明，全球可再生能源技术可开发量都高于全球对能源的需求，所以资源储量不会限制可再生能源的开发利用。因此，国外近年来风能资源的研究重点集中于提高对风特性的认识，改进数值模拟技术，降低风险，高效利用风能。国内对这方面开展的研究还比较少。

风电场资源评估一般借助比较成熟的商业软件，如常用的丹麦 Risφ 国家实验室开发的 WAsP、挪威 WindSim 公司开发的 WindSim、丹麦 Engeriog Milj φdata 公司开发的 WindPRO、美国 Ture Wind Solutions 公司开发的 Site Wind 和法国美迪顺峰公司开发的 Meteodyn WT 等。这些风能资源评估软件从微尺度风场的计算原理上划分，可以分为诊断模式和计算流体力学（Computational Fluid Dynamics，CFD）模式，一般要接入中尺度（几百 km 范围，10km 量级水平分辨率）的模拟结果进行降尺度（到几十 km 范围，几十 m 量级水平分辨率）。如 WAsP 的核心算法是线性诊断模式，利用地转风和单点的测风数据推算整个场区的风能资源分布。由于地转风的条件要求比较严格，所以 WAsP 的使用范围比较小，一般不超过 $100km^2$，而且地形不能太复杂，坡度要小于 0.03。新版本的 WAsP 也加入了 CFD 模式，用户可调用安装于 WAsP 计算机集群上的通用 CFD 模块对风电场的资源进行精细化模拟。WindSim 和 Meteodyn WT 等使用的是 CFD 模式。而国内与学者在开源的 CFD 软件针对国内地形地貌进行改进和风能资源模拟，但是并没有自主研发的风能资源模拟和评估软件。

2.1.2　风电功率预测

1. 风电功率预测方法

常用的风电功率预测技术分类方式包括：基于时间尺度的分类、基于空间范围的分类、基于建模输入数据的分类、基于预测模型的分类以及基于预测形式的分类等。常用的风电功率预测技术类别、特点与适用范围、典型方法的总结见表 2-3。

表 2-3　风电功率预测方法分类

分类标准	类　别	特点与适用范围	典型方法
基于时间尺度的分类	超短期功率预测	预测风电场未来 0～4h 的有功功率，时间分辨率不小于 15min，用于电力系统调峰调频优化、经济负荷调度以及旋转备用调节等	统计外推法、持续法
	短期功率预测	预测风电场次日零时起 3 天的有功功率，时间分辨率为 15min，用于日前发电计划制定、优化冷热备用、合理调度电网资源等	持续法、物理方法、动力统计法
	中长期功率预测	以月、年为预测时间单位，主要用于安排场站、电网输变电设备检修、风电场储能、优化备用容量、评估风电资源、建设规划风电场	基于 NWP 的物理方法
基于空间范围的分类	单机功率预测	对单台风电机组进行功率预测	物理方法、统计方法
	单风电场功率预测	对单个风电场进行功率预测	物理法、时间序列法、人工智能法
	风电集群功率预测	对大的空间范围内多个风电场组成的风电集群进行整体出力的预测	累加法、统计升尺度法、空间资源匹配法
基于建模输入数据的分类	不采用 NWP 数据的功率预测模型	以风电历史数据作为模型的输入来建立预测模型，并推导功率预测结果	统计方法、人工智能方法

（续）

分类标准	类　别	特点与适用范围	典型方法
基于建模输入数据的分类	采用 NWP 数据的功率预测模型	以风电场附近相关的地形信息和地貌信息作为输入，通过微观气象物理模型推导风速、风向等物理信息，并进一步得到风电预测功率，无法用于超短期风电功率预测中	物理方法、人工智能方法
基于预测模型的分类	持续模型	以当前时刻实测功率值作为未来时刻的预测功率，模型简单，适用于时间尺度较短的预测	持续法
	物理方法	基于 NWP，将气象数据和地表信息作为初始条件和边界条件，采用大型计算机直接求解风速所满足的物理学方程组，得到风电机组轮毂高度的风速大小和方向等信息，然后根据风电场的功率曲线计算得到输出功率。不需要历史数据，适用于短期风电功率预测	物理方法
	统计方法	建立 NWP 数据与风电场输出功率之间的映射关系，适用于超短期、短期和中长期风电功率预测	自回归滑动平均、卡尔曼滤波法
	人工智能方法	建立历史数据、NWP 数据与风电场输出功率之间的非线性映射关系，需要大量的历史观测数据，预测精确度高，适用于超短期、短期和中长期风电功率预测	神经网络法、SVM、深度学习、梯度提升法
	多模型组合方法	通过对物理方法、统计方法、人工智能方法等不同预测方法采取合适的权重进行加权平均，以发挥各个模型的优势	基于时间序列法和神经网络的预测
基于预测形式的分类	确定预测	对未来风电功率的期望值的预测，预测精度高，但不能定量反映风电功率的不确定性	ANN、SVM
	概率预测	对未来时刻风电功率的波动区间或密度函数的预测，可分为参数法和非参数法	分位数回归、核密度估计、向量自回归
事件预测	爬坡事件预测	风电功率在短时间内突然变化的现象称为风电爬坡。当数据变化较为平缓时，采用最简单的持续法就可以有很好的预测精度，而一旦爬坡现象出现，由于数据变化太快，预测的难度明显增加	直接方法、间接方法

（1）基于时间尺度的分类

风电功率预测时间尺度的划分受到预测可行性、预测精度以及用户用电需求等多种因素的影响。虽然不同的国家和组织对风电功率预测时间尺度的划分没有统一的标准，但是国内外的研究机构和运营商都将风电功率预测划分为超短期、短期和中长期三类。

超短期：超短期预测一般是预测未来 0～4h 的风电功率，时间分辨率不小于 15min。美国阿贡国家实验室对超短期以小时为预测单位，但并没有给出明确的时间尺度。超短期预测主要用于电力系统调峰调频优化、经济负荷调度以及旋转备用调节等方面。常用的超短期风电功率预测的方法有统计外推法和持续法等。

短期：中长期预测一般是预测次日 0 时起 72h 的风电输出功率，时间分辨率为 15min。美国阿贡国家实验室规定短期预测的预测上限为48h 或 72h。我国短期预测主要用于制定日前发电计划。美国 48h 内的短期预测主要用于电力市场的日交易中，72h 的短期预测主要用于调整检修计划。常用的短期风电功率预测的方法有持续法、物理方法以及动力统计法等。

中长期：中期预测以月为单位，长期预测以年为单位。中期预测主要用于调整风电场储能和优化备用容量等。长期预测主要用于安排场站、电网输变电设备检修、评估风电资源、建设规划风电场等。

（2）基于空间范围的分类

风电功率预测方法根据研究对象的空间尺度可以分为单机功率预测、单风电场功率预测和风电集群功率预测。

单机功率预测是指对单台风电机组的输出功率进行预测。单风电场功率预测是指对单个风电场的输出功率进行预测。目前风电功率预测研究大多集中在单风电场的功率预测上。风电集群功率预测是指对较大空间内多个风电场组成的风电集群进行整体出力预测。常用的风电集群功率预测方法包括累加法、统计升尺度法和空间资源匹配法等。

（3）基于建模输入数据的分类

风电功率预测方法根据建模输入数据的不同可以分为两类：第一类是不

采用 NWP 的预测模型；第二类是采用 NWP 的预测模型。

不采用 NWP 数据的风电功率预测模型：不采用 NWP 数据的风电功率预测模型主要以风电历史数据作为模型的输入来建立预测模型，以此来推导功率预测结果。只根据历史数据建立模型时，统计模型和人工智能模型两类模型使用最为广泛。

采用 NWP 数据的风电功率预测模型：采用 NWP 数据的风电功率预测模型是以风电场附近相关的地形信息和地貌信息作为输入，通过微观气象物理模型推导风速、风向等物理信息，并进一步得到风电功率预测结果。NWP 数据的精度、网格大小、刷新周期等因素都影响了该功率预测模型的预测精度。由于大气条件的持续性较差且 NWP 的周期较长，为保证预测精度，该方法一般不用在超短期风电功率预测中。

（4）基于预测模型的分类

根据不同的功率预测模型，风电功率预测可分为持续方法、物理方法、统计方法、人工智能方法、深度学习方法和多模型组合方法。

持续方法：持续方法是以当前时刻实测功率值作为未来时刻预测功率的风电功率预测方法。其模型简单，但由于预测精度随预测时间增加而迅速下降，通常适用于时间尺度较短的预测。

物理方法：物理方法的原理是根据风电场周围的地形地貌信息和物理信息，采用微观气象学理论或流体力学方法，建立起符合风电场气象特征信息的流体力学模型，然后采用该模型预测风电机组轮毂高度的风速、风向等信息，进而预测风电场的功率。该方法有三个特点：一是考虑风电场的物理信息，需要 NWP 数据，而不需要大量的历史数据；二是采用的是基于风速的预测方法；三是适用于短期风电功率预测。

统计方法：统计方法不考虑风速变化的物理过程，以对历史统计数据和 NWP 数据的分析研究为基础，建立 NWP 数据与风电场输出功率之间的映射关系。该方法直接利用 NWP 数据对风电场输出功率进行预测。统计方法同时适用于超短期、短期和中长期预测，进行超短期风电功率预测时只需使用历史数据，短期和中长期预测时要使用历史数据和 NWP 数据。统计方法相对物理方法而言，方法简单、使用的数据单一，但对突变信息的处理能力较差。常用的统计方法包括自回归滑动平均、卡尔曼滤波法等。

人工智能方法：人工智能方法属于统计方法，但较传统的统计方法更为先进。与统计方法的不同之处在于，统计方法使用解析方程来描述输入和输出之间的关系，而人工智能方法是以历史数据、NWP 数据或局部时序外推的结果数据作为输入信息，建立输出量和多变量之间的非线性映射关系。人工智能方法需要大量的历史观测数据来建立模型，但其具有模型修改方便、精确度高的特点。人工智能方法同时适用于超短期、短期和中长期预测，进行超短期风电功率预测时只需使用历史数据，短期和中长期预测时要使用历史数据和 NWP 数据。常用的人工智能方法包括后向传播神经网络法、SVM、深度学习以及梯度提升法等。

深度学习方法：深度学习方法是人工智能算法中比较新颖的一种方法，深度学习方法自从 AlexNet 模型问世以来在机器视觉领域发展非常迅速，由于其强大的特征融合能力，逐渐在包括风电功率预测等其他领域中得到广泛应用。相比传统人工智能方法，深度学习方法通过构建深层网络结构，提升了模型的特征融合能力，能够深度融合大规模、大范围的数值天气预报数据，可以较为全面地反映影响风电场发电功率的气象因素及气象特征。深度学习方法使用的模型主要包括卷积神经网络、长短时神经网络等网络结构，可用于短期和超短期风电功率预测中。

多模型组合方法：多模型组合方法是指结合风电功率数据、气象数据的特点，通过对物理方法、统计方法、人工智能方法、深度学习方法等不同预测方法采取合适的权重进行加权平均的风电功率预测方法，以最大限度发挥各个模型的优势，提高风电功率预测精度。如基于 BP 神经网络、RBF 神经网络和 SVM 的组合预测,基于时间序列法和神经网络的预测,基于小波变换和 SVM 的功率预测。

（5）基于预测形式的分类

根据预测形式的不同,可将风电功率预测分为确定预测和概率预测。

确定预测:确定性预测的预测内容是风电功率未来逐点期望值,其预测精度高,但是确定预测不能定量反映风电功率的不确定性,而预测误差又无法避免。物理方法、统计方法、人工智能方法和多模型组合方法等都可以应用到风电功率的确定性预测中。

概率预测:概率预测以 NWP 数据、历史数据和预测数据作为输入,能预测风电功率不确定性信息,是单点预测的延伸,可用来评估电力系统运行风险。概率预测的预测内容是未来时刻风电功率的波动区间或密度函数,可分为参数化的方法和非参数化的方法。典型的风电功率概率预测非参数化方法包括分位数回归、核密度估计等;典型的风电功率概率预测参数化方法包括向量自回归、广义误差分布模型等。

（6）事件预测

爬坡事件预测:风电功率在短时间内突然变化的现象称为风电爬坡。当数据变化较为平缓时,采用最简单的持续法就可以有很好的预测精度,而一旦爬坡现象出现,由于数据变化太快,预测的难度明显增加。爬坡事件的预测方法可以分为直接方法和间接方法两大类。其中间接法是在对风电功率进行预测的基础上,从中提取爬坡信息。而直接方法是直接对爬坡事件的发生与否进行预测,通过对大量的历史数据采用统计学习的方法来完成。由于爬坡事件属于小概率事件,因此直接法需要长时间的样本积累以及较为复杂的学习算法。

2. 风电功率预测的作用

风电功率预测在电力计划环境和电力市场环境下发挥的具体作用不同。

（1）电力计划环境下风电功率预测的作用

1）中长期预测用于制定年度电量计划及检修计划。

中长期预测主要关注风电年、月电量情况，电网部门根据中长期预测结果并结合负荷预测结果，制定风电的年度电量计划和电网检修计划。中长期预测由于时间尺度长，精度相对较低，需要逐月进行滚动调整及更新。

2）短期预测用于安排常规电源机组组合以及制定日发电计划。

相比于中长期功率预测，短期预测对精度要求更高。电网部门根据短期功率预测结果提前了解风电出力的随机波动情况，合理预留备用容量，以保证发用电实时平衡，主要体现在电网相关部门可根据短期预测结果调整机组组合方案，优化常规电源机组发电计划，提高电网对新能源发电的消纳能力，减少弃风。

3）超短期预测可用于优化旋转备用容量以及电力系统实时调度。

相比于短期预测，超短期功率预测结果具有更高的预测精度和可信度。为满足电力系统发电与用电的实时平衡，调度部门需要根据超短期的预测结果实时调整日发电计划并优化旋转备用，以达到系统安全性约束下的最佳经济性。

我国电力系统采用电力计划方式，电力调控机构根据预测结果预留新能源消纳空间，从而提高新能源消纳水平。功率预测精度直接影响预留消纳空间是否合理，当预测精度差时，为保障供用电平衡，常规电源备用增大，挤占新能源消纳空间，导致弃风电量增加。

（2）电力市场环境下风电功率预测的作用

1）风电功率预测对调度端的作用。

在电力市场环境下，风电功率预测的作用更加重要，预测精度的高低不仅对电力系统安全稳定运行造成影响，还会影响所有市场参与者的经济收益。对于调度方而言，风光功率预测的作用主要体现在：根据预测结果确定备用市场中需要购买的备用容量，预测精度的高低直接影响着备用容量的需求评估与竞价；在实时市场中，根据每 5min 更新的预测结果在市场中买进或卖出差额备用电量；被售出或买入备用电量的费用均需由电网调控机构承担，直接影响电网运营商的经济效益评估。

2）风电功率预测对发电企业的作用。

风电功率预测是企业参与电力市场的基础条件，其作用主要体现在：日前市场中，企业根据短期预测结果参与市场竞价，预测结果的好坏直接影响次日的电量与竞价，若日前市场预测精度差将需要在日内市场中付出较为昂贵的代价来补偿；日内市场中，根据超短期预测结果不断修正短期预测结果并调整日前市场中的每小时计划电量，预测精度越高，则在日内市场中需要买进或卖出的差额电量越少，所支付的费用也越少。此外，日内市场调整后的每小时风光计划出力与实际出力越接近，在实时市场中需要调度调整的电量就越少，企业需要支付的费用也越少。

3.　国内风电功率预测技术发展现状

风电功率预测是基于当前时刻已有的数据，对未来风电功率进行预测的一门技术。由于我国风电发展速度快、历史数据积累少，地形复杂，气候类型多样，国外已有研究成果在国内难以直接应用。国内中国气象局、中国电力科学研究院、清华大学、华北电力大学等高校和科研机构开展了大量研究工作，针对我国风电特点，从超短期、短期、中长期等多时间尺度建立了较为完善了风电功率预测体系，预测模型涵盖基于多数据源的统计方法、基于微尺度气象和计算流体力学的物理方法，并创造性地提出自适应组态耦合预测方法，该方法能够充分利用碎片化的多元历史数据，结合局地气候特征，自适应选择多样本空间下的最优耦合方式，有效提高了预测精度和算法的普适性。目前，具有完全自主知识产权的风电功率预测系统已覆盖各网省电力公司和风电场，预测精度达到国际先进水平。

2008 年，中国电力科学研究院推出国内第一套商用的风电功率预测系统 WPFS Ver1.0。2009 年 10 月，吉林、江苏风电功率预测系统建设试点工作顺利完成；2009 年 11～12 月，西北电网、宁夏电网、甘肃电网、辽宁电网风电功率预测系统顺利投运；2010 年 4 月，以风电功率预测系统为核心的上海电网新能源接入综合系统投入运行并在国家电网世博企业馆完成展示。该系统目前已经在全国 23 个省级及以上电力调控机构应用，预测精度国内领先，并达到国外同类产品水平。

2010 年，北京中科伏瑞电气技术有限公司研发了 FR3000F，能满足电网调度中心和风电场对短期功率预测（未来 72h）和超短期功率预测（未来 4h）的要求，采用基于中尺度 NWP 的物理方法和统计方法相结合的预测方法，提供差分自回归移动平均模型（Auto-Regression and Moving Average Model，ARMA）、混沌时间序列分析、ANN 等多种算法。

2010 年，华北电力大学依托国家"863 计划"项目研发了一套具有自主知识产权的风电功率短期预测系统 SWPPS，该系统相继在河北承德红淞风电场、国电龙源川井和巴音风电场得到了应用，6h 内的预测误差在 10%以内。

此外，国内主要风电功率预测系统还有清华大学研制的风电功率综合预测系统、国网电力科学研究院（南瑞集团）的 NSF 3100 风电功率预测系统。清华大学研发的风电功率综合预测系统是首个由气象服务部门提供永久性 NWP 服务的风电功率预报系统；NSF3100 风电功率预测系统，目前在华北电网、东北电网等单位业务化运行，并在内蒙古、江苏、浙江、甘肃等省的风电场投入运行。表 2-4 为国内目前应用较为成熟的风电功率预测系统。

表 2-4　国内风电功率预测系统

时间/年	预测系统	特　点	采用方法	开发者	应用范围
2008	WPFS	采用 B/S 结构，可以跨平台运行；每天 8:00 前预测次日 0:00~24:00 分辨率为 15min 的风电功率，最长预测未来 144h 的风电功率	组合模型	中国电力科学研究院	吉林、江苏、黑龙江等全国 23 个省区
2010	风电功率综合预测系统	以气象局 NWP 为输入，采用统计模型实现未来 72h 的风电功率预测	组合模型	清华大学	内蒙古
2010	SPWF-3000	采用 B/S 结构，针对单风场不同类型机组进行独立分析建模；系统完全考虑后期风场扩容情况，具有较好的接口及计算能力	组合模型	北京国能日新系统控制技术有限公司	山西、广西、河北、河南等省（区）
2010	FR3000F	采用基于中尺度 NWP 的物理方法和统计方法相结合的预测方法，提供差分自回归移动平均模型、混沌时间序列分析、ANN 等多种算法	组合模型	北京中科伏瑞电气技术有限公司	新疆、内蒙古、宁夏等省（区）
2011	NSF 3100	包括数据监测、功能预测和软件平台展示三个部分。已在华北电网、东北电网、福建省电力公司等单位进入业务化运行	组合模型	国网电力科学研究院（南瑞集团）	内蒙古、江苏、浙江、甘肃等省（区）
2011	SWPPS	可完成风电场未来 72h 的短期功率预测和未来 4h 的超短期预测并向网调上传预测结果	组合模型	华北电力大学	内蒙古、江苏等省（区）
2011	WPPS	风电场可根据当地实际情况选择一种效果好的算法模型作为预报的方法	组合模型	湖北省气象服务中心	湖北九宫山风电场等
2011	WINPOP	系统采用 SVM、ANN、自适应最小二乘法等算法进行风电功率预报	组合模型	中国气象局公共服务中心	北京、南京等地

4. 国外风电功率预测技术发展现状

发达国家开展风电功率预测技术的研究已有 20 多年的历史，根据风电功率预测系统发展的时间先后顺序和成熟度，可以把国外风电功率预测的发展历程分为三个阶段。1990 年之前是起步阶段；1990～2000 年是快速发展阶段；2000 年至今是各类技术集中涌现阶段。

1990 年之前：20 世纪 70 年代，美国太平洋西北实验室 PNL 首次提出了风电功率预测的最初设想。1990 年，丹麦 Risφ国家可再生能源实验室的 Las Landberg 采用类似欧洲风图集的推理方法开发了一套预测系统，将大气状况中包含的风速、风向、气温等信息通过理论公式转换到风电机组轮毂高度的风速和风向，然后根据风速-功率曲线得到风电场的出力，并根据风电场的尾流效应对其进行修正。

1990～2000 年：1994 年，丹麦 Risφ国家可再生能源实验室在 Las Landberg 研究基础上开发了第一套较为完整的风电功率预测系统 Prediktor。该系统采用丹麦气象研究院的高分辨率有限区域数值天气预报模式 HIRLAM 获得数值天气预报（Numerical Weather Prediction，NWP）数据，然后结合物理模型实现风电场的输出功率预报，并在丹麦、德国、法国、西班牙、爱尔兰、美国等地的风电场得到广泛应用。1994 年，丹麦科技大学开发了基于自回归统计方法的风电功率预测工具 WPPT。WPPT 最初采用适应回归最小平方根估计方法，并结合指数遗忘算法，可给出未来 0.5～36h 的预测结果。自 1994 年以来，WPPT 一直在丹麦西部电力系统运行。从 1999 年开始，WPPT 在丹麦东部电力系统运行。1998 年，美国的可再生能源公司 AWS Truewind 开发了一套风电功率预报系统 eWind。该系统组合了北美 NAM 模式、美国全球预报系统 GFS 模式、加拿大 GEM 模式和美国快速更新循环 RUC 模式四种模式的输出结果，同时应用多种统计学模型，包括逐步多元线性回归、人工神经网络（Artificial Neural Network，ANN）、支持向量机（Support Vector Machine，SVM）、模糊逻辑聚类和主成分分析等。该系统被选定为美国 CAISO、ERCOT、NYISO 等电网运营商提供预报服务。

2000 年至今：2001 年，德国太阳能研究所 ISET 开发了风电功率管理系统 WPMS。该系统使用德国气象服务机构（Deutscher Wetterdienst，DWD）的 Lokal-Modell 模式进行数值天气预报，以获得的 NWP 数据为输入量，采用 ANN 计算典型风电场的功率输出，得到输入量与风电场功率输出之间的统计模型，从而利用在线外推模型计算某区域注入电网的总风电功率。WPMS 的预报误差随着预测时长的增加而增加。对预报时长为 1～8h 的预测结果，单个风电场逐小时平均误差为 7%～14%，整个区域的预报误差在平滑效应下可降至 6%左右。从 2001 年起该系统一直应用于德国四大输电系统运营商，并已成为较为成熟的商用风电功率预测系统。

2001 年，西班牙马德里卡洛斯三世大学开发了 sipreólico，该系统采用统计学方法，能提前预测未来 36h 的风电出力，在 Madeira Island 和 Crete Island 获得成功应用。2002 年 10 月，由欧盟委员会资助启动了 ANEMOS 项目，发展适用于复杂地形、极端天气条件的内陆和海上风能预报系统，共有 7 个国家 22 个科研机构、大学、工业集团公司等参加了 ANEMOS 的开发。ANEMOS 基于物理和统计两种模型，使用多个 NWP 模式，达到了较高的预测精度。

2002 年，德国奥尔登堡大学研发了 Previento 系统，该系统由 Energy & Meteo Systems GmbH 公司进行推广。其原理与 Prediktor 类似，主要改进是提高了对 NWP 风速和风向的预测精度，其 NWP 模型采用德国 DWD 的 Lokal-Modell 模式，预测时间最长达到 48h。此外，Previento 还根据天气情况提供了有关风力不确定性和速度预报的信息，提高了预测结果的实用性。2003 年，丹麦 Risφ国家可再生能源实验室与丹麦科技大学联合开发了新一代短期风电功率预测系统 Zephry，该系统融合了 Prediktor 和 WPPT 的优点，可进行短期预测（0～9h）和日前预测（36～48h），时间分辨率为 15min。

2003 年 6 月，由西班牙国家可再生能源中心（Centro Nacional de Energías Renovables，CENER）与西班牙能源、环境和技术研究中心（Centro de Investigaciones Energéticas，Medioambientalesy Tecnológicas, CIEMAT）合作研发的 LocalPred-RegioPred 风电功率预测系统在西班牙的多座风电场运行。RegioPred 是一种基于单一风电场 LocalPred 预测模型的区域预测模型，通过使用聚类分析划分不同特点的区域，以参考风电场的预测结果的扩展来执行区域预测。LocalPred 模型专门用于预测复杂地形风电场的功率预测，该模型使用 MM5 中尺度气象模式作为 NWP 的生产模式，并采用 CFD 算法计算场内风速变化。2005 年，爱尔兰科克大学的 Moehrlen 和 Joergensen 研究的 WEPROG MSEPS 风电功率预测系统开始实现商业化运营，该预测系统包括两个主要模型：基于每 6h 运行一次的天气预报系统和使用了多方案集合预测技术的 WEPROG；使用在线和历史 SCADA 测量数据的功率预测系统 MSEPS。

2008～2012 年，ANEMOS 的后续延伸项目 ANEMOS.plus 和 SafeWind 在风电功率预测领域产生了广泛的影响。ANEMOS.plus 由 DG TREN 资助，侧重于更好地支撑市场交易以及在更短的时间内整合风能，具有很强的示范性。SafeWind 由 DG Research 资助，侧重于极端事件的预测，包括气象、电力、报价极端情况。ANEMOS.plus 项目联盟单位有爱尔兰的 EIRGID 和 UCD DUBLIN，英国 SONI，丹麦 DTU、DONGEnergy、ENFOR、Risϕ、德国 Overspeed、EWE、Energy&Meteo Systems，法国 Acciona、Cener、RED ELECTRICA 等。

此外，国外还有一些有代表性的风电功率预测系统，例如，阿根廷风能协会研发的 Aeolus 预报系统、英国 Garrad Hassan 公司开发的 GH Forecaster、法国 Ecole des Minesde Paris 公司开发的 AWPPS。表 2-5 总结了国外目前应用较为成熟的风电功率预测系统。

表 2-5 国外风电功率预测系统

时间/年	预测系统	特　点	采用方法	开发者	应用范围
1994	Prediktor	采用高分辨率有限区域模型，预测时间范围为 3~36h	物理模型	丹麦 Risφ 国家可再生能源实验室	西班牙、丹麦、法国、德国等
1994	WPPT	采用自回归统计方法，将自适应回归最小平方根法与指数遗忘算法相结合，预测短期风电功率	统计模型	丹麦科技大学	丹麦、澳大利亚、加拿大、爱尔兰、瑞典
1998	eWind	采用中尺度 NWP 模式，同时利用多种统计学模型预测风电功率	组合模型	美国 AWS Truewind	美国
2001	WPMS	利用 NWP 提供的风速、风向、气压等作为输入量，采用 ANN 建模预测	统计模型	德国太阳能研究所 ISET	德国
2001	Sipreólico	自适应风电场运行或 NWP 预测模型的变化，不需要预校准，该系统能提前预测 36h 的风电功率	统计模型	西班牙马德里卡洛斯三世大学	马德拉群岛、克里特岛
2002	ANEMOS	发展适用内陆和海上的风能预报系统，使用多个 NWP 模式	组合模型	欧盟	英国、丹麦、德国、法国
2002	Previento	对气象部门提供的 NWP 结果进行空间细化，结合风电场当地具体的地形、海拔高度等条件	组合模型	德国奥尔登堡大学	德国
2003	Zephry	综合 Prediktor 和 WPPT，当预测时间超过 6h 时，采用 Prediktor 预测，低于 6h 时采用 WPPT 预测	组合模型	丹麦 Risφ 国家可再生能源实验室与丹麦科技大学	丹麦、澳大利亚
2003	LocalPred-RegioPred	基于自回归模型，采用 CFD 对 NWP 的风速和风向进行微观计算	组合模型	西班牙国家可再生能源中心与西班牙能源、环境和技术研究中心	西班牙、爱尔兰
2005	WEPROG MSEPS	预测系统包括两个主要模型：每 6h 运行一次的天气预报系统和使用在线及历史 SCADA 测量数据的功率预测系统	组合模型	爱尔兰科克大学	爱尔兰、德国、丹麦西部
2008~2012	ANEMOS.plus 和 SafeWind	SafeWind 重点对极端天气预报，ANEMOS.plus 侧重于更强的示范性	组合模型	欧盟	爱尔兰、英国、丹麦、德国

2.1.3　生态与气候评价

风电机组风电场开发运行期的生态环境和气候环境影响主要有以下几个方面。

1．生态环境影响

在陆上/海上风电开发对生态环境影响研究方面，随着风电机组朝东部沿海人口密集区域发展，风电场开发和运行期间带来的环境生态问题不容忽视。

风电场在施工期对环境的影响主要是对地表原有生态系统的破坏。陆上风电场施工期的危害主要是施工期间的挖土与回填土工程，如道路修建、土地平整、风电机组基础工程、箱式变电工程、电缆沟工程等，将破坏地表形态和土层结构，造成地表裸露，植被破坏，土壤肥力受损，导致水土流失。在湿地生态系统中建设风电场，施工过程会导致土壤结构和地表植被改变，改变了底栖生物的生态环境，导致风电场范围内底栖生物的消亡；而对于海上风电场，海上风电机组基础部分建设过程中打桩的声音可能会给海洋动物的听力造成损伤，风电机组噪声可能会让海洋动物或者鱼类的通信或方向感迷失，在海上风电施工和维护过程还可能干扰鱼类的栖息等。此外，海上风电场还会造成底栖动物全部消失，风电机组塔架基础结构施工过程中，会引起周围一定范围内悬浮泥沙增加，造成藻类等植被光合作用减弱。与此同时，施工过程中产生的振动和噪声对海洋生物也会产生一定影响。国内有媒体报道，风力发电工程项目在施工过程中巨大的撞击声和震动感会对种鱼培育产生严重影响，造成出苗率低、畸形苗多等问题，但目前尚未见深入的科学研究方法和可信的科学结论。另外，由于人类活动、交通运输工具、施工机械的机械运动，相应施工过程中产生的噪声、灯光等可能对邻近岸边及近岸地区的鸟类栖息地和觅食的鸟类产生一定影响，导致施工区域及周边区域中分布的鸟类数量减少、多样性降低，但这种影响是局部的、短期的、可逆的，当工程建设完成后，其影响基本可以消除。

现有的调查和研究表明，风电场运行期间对生态环境的影响主要有：一方面，风电场运行导致场内鸟类及蝙蝠等飞行动物的活动下降；另一方面，风电机组运行的时候，每台风电机组产生的噪声值为 96～104 dB (A)，会对人类的生产生活带来干扰，风电机组噪声能够干扰鸟类、蝙蝠等生物的导航和定位功能，对噪声比较敏感的动物会选择回避。也有研究指出，风电机组转动对鸟类确实存在驱赶作用，但对鸟类的数量影响不大。大丰风电场位于江苏盐城国家资源保护区试验区的南部，在《江苏大丰（70MW）风电项目生态环境影响评价专项报告》中，记录了 2008 年 9 月 4 日～11 日一期建设项目靠近沿海滩涂和鱼塘附近电线所造成的 25 只鸟类撞击死亡。风电机组的噪声对候鸟和旅鸟影响不大，对留鸟的影响很大。大多数鸟类对噪声具有较高的敏感性，在这种声环境条件下，丹顶鹤等对声音较为敏感的珍禽会选择回避。大丰建设项目所在的竹川垦区，在 2005 年调查的时候还有一个族群的丹顶鹤（约 4～5 只）在此栖息。到 2009 年，调查结果显示风电场及周围 200m 范围内无丹顶鹤踪迹。

海上风电场运行对生态的影响还鲜有研究。理论上讲，因风电机组植入海底的部分相当于人造岛礁，为鱼类提供更为安全的庇护场所，从而会增加鱼的种类。但风电机组运行过程产生的噪声，可能会对近海鱼类活动和繁殖产生消极影响，但影响程度和鱼类的品种相关。有研究表明，风电机组的海底部分为产西加鱼毒素藻类的传播提供了适宜的环境。人工海底建筑会导致海床环境的改变，进而无脊椎动物等底栖生物也会发生改变，这进一步会影响藻类的组成结构。研究表明，靠近风电机组区域的藻类较少，这可能与风电机组附近水文动力的改变、有机质的输入以及贝类数量的变化有关，越靠近风电机组桩柱的贝类越多。除此之外，不同栖息地的种群会通过交换卵、幼虫和成体的扩散来相互关联，风电场的硬质基底可以为卵、幼虫和成体等浮游生物提供固着场所，从而促进浮游生物的连通性。海上风电场对底栖生物最直接的影响是风电场建设时期风电机组地基的打桩和钻孔，致使水体浑浊，对海域水质造成污染，破坏底栖生物的生态环境。风电场建成后，海床环境会因人工建筑而改变，原有沉积物和水文特征也会改变，进而影响到底栖生物的生物量、多样性，导致区域现有群落组成发生较大变化。研究表明，风电场建成一段时间后，风电机组附近砂砾的大小会逐渐发生变化。除了对附近软质沉积物带来变化外，风电场建成后对底栖生物的另一个直接影响是硬质基底的增加。在德国某一个离岸平台上的研究显示，与同等面积的软质沉积物区域相比，硬质基底上大型底栖动物的生物量是软质沉积物区域的 35 倍。一般认为，风电场的运行会对电场区域内植被覆盖度、地上/地下生物量和枯落物含量产生消极影响。国内研究人员以内蒙古灰腾梁风电场为例，利用遥感数据分析了电场 50km 范围内、建设前 9 年和建成后 7 年植被的变化情况，研究发现：① 风电场运行对风电场区域内/外植被的影响机制是不同的，风电场区域内不利于植被的生长，而上/下风区域却有利于植被的生长；② 相对于风电场建成前，风电场建成后的 7 年缓冲区和风电场区域植被恢复比例分别上升了 26.66% 和 13.14%，但上风区域却上升了51.83%，下风区域上升了 41.07%，可见风电场上/下风区植被恢复比例，尤其是上风区植被的恢复比例要远高于其他区域；③ 距离风电场中心 30～40km 的上风区很可能是受风电场影响最为明显的区域。

有研究表明，风电场的建设增加了扰动区域的土壤容重、pH 和总孔隙度，降低了土壤电导率、含水量和全盐，同时也降低了土壤养分。但是否会对风电场占地范围之外的土壤产生影响，影响范围和强度有多大，目前尚无相关研究。值得注意的是，风电场对局地气候的影响，势必造成土壤温室气体排放的变化，对土壤的碳、氮等元素的循环过程产生重大影响。另外，风电场通过对降雨的影响间接改变土壤水分的输入量。也有研究假设风电场会改变土壤的水分蒸发，但目前这一结论并未得到实验的验证。在风电场占地范围之外，由于土壤对外部的干扰是滞后且缓慢的，风电场对土壤的影响可能需要 20～25 年，甚至更长的时间才能表现出来。

2．气候环境影响

近年来，风电场运行对气候环境影响的研究越来越多，也有一些研究开始分析风电场对气候变化的可能影响，并提出了一些值得重视的问题。风电场对气候环境的影响，一方面是对区域气候的影响，主要研究技术手段是卫星反演和数值模拟，观测实验类的研究屈指可数，如在苏格兰 Black Law 风电场开展的地面气象观测实验；另一方面则是通过大气环流对全球气候的影响。

风电机组在将风能转化为电能的过程中，会影响陆面-大气之间的能量、动量、质量和水汽的传输。有研究表明，如果全部用风能满足全球对能源的需求，风能开发对 1km 以下大气层能量的损失为 0.006%～0.008%，比气溶胶污染和城市化对大气能量的损耗小一个量级；也有研究表明，如果风电能够满足 10%的全球电力需求，则会导致内陆地表增温 10℃以上。有研究表明，风电场运行导致的热量和降雨量增加，要比欧洲绝大部分地区的自然气候变化弱得多；也有研究表明，风电场的运行会导致局地的干旱。美国特拉华州大学的研究表明，装机容量 300GW 以上的近海风电场可以使飓风近海面风速减小 25～41m/s、降低风暴潮发生率 6%～79%。致使研究结论千差万别的根本原因有两个：第一，目前对风电场运行影响近地层湍流能量交换的物理机制认识不够；第二，风电开发的气候影响是通过数值模拟进行评估的，而数值模式中对风电机组运行与大气湍流运行相互作用的数学物理表达尚存在很大的不确定性。

认识风电场运行影响近地层湍流能量交换物理机制的最好方法是开展观测实验。苏格兰 Black Law 风电场建于 2005 年，拥有 54 台风电机组，容量为 12.4 万 kW。为研究气候变化影响，场区 18.6km² 内布设了 101 个温度和湿度探测仪。碰巧遇上 2012 年夏季该风电场由于运维管理关闭的一个月，Alona Armstrong 通过对风电场正常运行和关闭两个时间段的观测实验数据对比分析得到，在风电机组运行的夜间地面最大增温为 0.18℃、湿度增加 0.03g/m³。这种风电机组对气温和气候的影响，随着距离的增加呈对数下降趋势。同时，这种对地面小气候的影响，包括了土壤温度、土壤含碳量和生态系统碳循环等不确定因素的影响。有研究人员采用 2003～2011 年德克萨斯中西部地区的卫星数据进行分析，发现在这个拥有 4 座全球最大风电场的区域内，夏季夜晚气温比附近没有风电场的地区高 0.65℃。

　　风电场的大规模部署可通过改变地表粗糙度来影响大气环流。风电场全球气候效应研究主要在大气环流模式（General Circulation Model，GCM）、通用大气模式（Community Atmospheric Model，CAM）等全球气候模型中，模拟大规模风电场对大气环流、地表温度和降水等的影响。Keith 等模拟了假想的大规模风电场对全球气候的影响。结果显示，在风电场地区地表温度的变化可达 1℃，地表风速的变化可以达到几米每秒，同时在扰动区域数千公里以外的非风电场区域也观察到同样大小的温度变化，因此推测风电机组对气候的主要影响机制具有非局部性。Kirk-Davidoff 等进一步证实了这种非局部效应，并指出粗糙度异常对应一个平均风的罗斯贝波响应，这种响应的大小与粗糙区域的水平长度尺度以及粗糙度异常的大小成比例。Fitch 在全球气候模型 CAM5 中，用上升的动量汇和增强的湍流源来表示风电机组涡轮叶片，模拟了不同装机容量（2.5TW、10TW 和 20TW）的风电场对温度等的影响。结果表明，随着装机容量增加，风电场对区域和全球气候的影响增大，风电场区域的最大温度变化小于 0.7℃，对风速和湍流的影响更显著。Barrie 等模拟发现北美地区风电场引起的粗糙度扰动与北大西洋上的旋风轨迹和发展的重大变化有关。有研究人员指出，当 2100 年陆上风力发电满足全球能源的 10%甚至更多时，可能导致风电场区域地面增温超过 1℃，低层大气温度也显著升高。他们还使用改进的气候模型进一步研究了不同安装面积和空间密度的大型海上风电场的潜在影响。与陆上风电场相反，海上风电机组装置导致在其安装的近海区域出现地表冷却效应，这种冷却效应主要是由于风电机组引起的湍流混合增加不能被平均风动能的减少完全抵消，导致从海洋表面到低层大气的潜热通量增强。与陆上风电场相比，海上风电机组的大规模部署对全球气候的扰动相对较小。有研究人员利用实际风电场规模和分布信息，利用 Fitch 等的风电场参数化模块，模拟了风电场对中国区域气候的影响，结果显示，风电场对离地 2m 高度处的气温的影响在±0.5℃以内，小于气温的年际变化幅度。有研究人员在撒哈拉沙区设计了理想的风电场布局方案，模拟了风电场对北部非洲气候的影响，结果显示，风电场的存在可以使该区域气温上升、降水增加 2 倍以上，同时由于植被和降水的正反馈，植被可以得到恢复，降水还会增加 80%。结果虽然令人鼓舞，但由于是理想模拟实验，实际结果还有待验证。

　　我国在风电开发的气候环境效应研究方面，清华大学和中国气象局有专家根据个人兴趣开始着手研究，也有部分研究结论发布。例如，基于 MODIS LST 数据开展进一步研究，分析了我国西北部瓜州县的大型风场对环境的影响。研究表明，在风电场附近地区，夜间具有明显的升温趋势，但在白天并不明显。这种夜间的升温趋势在夏季最强（0.51℃/8 年），其次是秋季（0.48℃/8 年），冬季最弱（0.38℃/8 年），春季没有观察到明显的变暖趋势。

2.2　国内外技术差距和瓶颈分析

2.2.1　风能资源评估

　　目前，我国区域风能资源评估方法已与世界评估方法接轨，主要利用数值模拟的方法进行区域风资源的模拟和评估，但是风电场的风能资源评估技术水平与国外先进水平相比差距还较大。目前我国没有自主研发的用于风电场风能资源评估软件或 CFD 计算模型，主要依赖于 WindSim、WAsP 等进口商业软件。由于我国气候多变、地形复杂，一方面，风电机组和风电场设计对复杂风资源特性的针对性不足；另一方面，国外开发的模式和软件，在我国资源评估过程中存在适用性问题，评估结果会出现偏差，甚至错误。研究我国复杂风资源特性，建立风能参数的分类分级指标体系，可以为风电机组和风电场设计提供参考标准。研发适合我国地形和气候的本土数值模式或评估软件，可弥补我国资源评估技术方面的不足，同时对不同尺度的风能资源进行较为准确的评估。

目前，我国风能资源监测仍以测风塔监测为主，雷达等测风技术尚未规模展开。随着风电机组向高塔架、长叶片方向发展，以及低风速风能资源的开发利用，风能利用的高度已超出了经典大气边界层湍流相似理论使用高度范围（1～100m 左右），需要采用激光雷达等现代化探测设备，研究 100m 以上风资源特性。此外，我国幅员辽阔，气候多变、地形复杂，风电开发环境存在较大差异，如青藏高原高海拔地区、东北高寒地区和海上地区，风暴、雷电、台风和冰冻等灾害，风能资源监测的准确性和连续性受到明显影响，因此特殊环境的风能资源监测数据是这些地区进行风能资源开发的制约因素之一。除利用测风塔进行观测，建立风资源观测网外，雷达和卫星等遥感方法对风能资源的监测将成为特殊环境和大范围风能资源监测的补充手段。

2.2.2　风电功率预测

我国风电功率预测技术充分考虑本国风电发展特点，因地制宜建立了较为完善的风电预测体系，相比国外预测精度有一定优势，但在满足电网调度精细化管理方面仍有一定差距。主要源于目前风电功率预测仍以确定性预测为主，还需完善概率预测和基于人工智能的预测方法；数值天气预报技术水平限制风电功率预测精度的提高，还需完善中尺度 WRF 数值预报模式为基础，包括实时四维资料同化、快速更新循环、集合预报及其统计后处理技术在内的世界领先的数值天气预报运行平台。

现有的风电功率预测技术存在对气象数据融合深度不够、功率预测误差偏大等问题。首先，现有预测技术通常以常规的机器学习模型为主，包括多层神经元模型、支持向量机模型等，处理数据的维度极为有限，难以全面融合影响风电场发电功率的气象特征，对数值天气预报数据的利用程度较低，造成预测精度难以进一步提升；其次，现有预测技术对导致不同类型预测误差的气象过程辨识程度较低，难以对不同误差类型进行针对性建模和修正；再次，现有离线逐场站建模的方式效率较低，难以实现模型参数的在线调整，导致模型不能及时跟踪气象的演变以及风电场发电规律的演变；最后，海上风电在资源模拟和功率波动特性等方面和陆上风电差异较大，随着我国海上风电的发展，亟须开展海上风电功率预测算法的专项研究。

2.2.3　生态与气候评价

总体来看，国外风电场运行对气候环境影响的研究结论千差万别，国内此类研究寥寥无几。

我国对风电项目的环境影响也十分重视，但由于我国起步较晚，还缺乏风电建设对环境、生态和资源影响的实证研究，尤其是风电场电磁辐射和噪声对生物及鸟类的影响研究甚少，还缺少风电项目开发建设对环境影响的评价方法和指标体系。

风电开发的区域和宏观环境影响，即风电开发对大尺度和长时间的气候、环境和生态方面的影响属于前沿研究领域。国外用统计分析、观测、数值模式和调研等方法开展了不同时间和空间尺度的气候、环境、生态和人文等方面的研究；国内平坦地形每平方公里大约可装机 8MW 风电，千万千瓦级风电基地建设占地面积近 1000km²，目前我国缺乏对区域风能资源开发对气候变化、大气环流、以及区域环境承载能力等方面的综合性评估论证。

2.3 技术发展趋势与需求分析

2.3.1 风能资源评估

当前，大型风电机组对风资源利用的高度已突破了经典近地层湍流理论的适用范围（100m 左右），需要重新认识机组运行高度范围内（300m）的风资源特性；风电场建立在非定常和各向异性的真实大气中，定常、均匀来流下的尾流计算流体力学模型尤其不适用于我国的复杂地形，需要发展中、小、微多模式尺度融合的非定常、各向异性湍流风场数值模式及系统软件。此外，气候变化趋势成为风能资源评估考虑的一个重要因素。由于气候变化带来的气候带漂移、极端天气频发等，将影响资源评估的准确性。

在风能资源评估技术方面，应从以下方面入手。

（1）建立风资源监测网

一方面需要利用我国功率预测现有资源，利用测风塔建立资源监测网；另一方面利用雷达、卫星等遥感方法对重要场景进行观测，以保证测风数据在冰冻、台风、高温和风暴等环境下满足准确性和连续要求。

（2）建立气象数据共享机制

为了提高风能资源评估精度，需建立合理和优化的数据共享机制，对气象站、风电场等各类气象数据进行共享，提高数值模拟边界条件的精度。

（3）研发数据深度融合技术

传统气象站、风电场测风塔、卫星观测数据、雷达观测数据的时间和空间分辨率不尽相同，通过不同数据的深度融合，形成时空分辨率和格式统一的数据集，为本土化的数值模式和资源评估软件提供数据支撑。

（4）研发我国本土化的数值模式和资源评估软件

风能源于大气运动，风能资源的不均匀分布是大气运动与地形作用的结果。我国地形复杂，既有高原、丘陵山地、平原，也有近海及岛屿，地形不同，其风资源特性不同。目前的风电场风能资源评估主要依托于国外进口软件如 WAsP、WindSim 等，这类软件重点针对欧洲等平坦地区研发，对风速的变化多用一些固化的参数表示。因此，开展我国复杂风特性研究，开发适用于我国气候地理特点，又简便易操作的风能资源评估软件是目前的迫切需求。

（5）建立合理的资源评估标准

目前国内资源评估和风电场设计的标准多参考国外成熟的标准。一方面这些标准经过了实践检验，对某些地形、气候条件具有较好的实用性；另一方面需结合我国的气候、地形和资源特点进行优化和改进。

2.3.2　风电功率预测

在风电功率预测技术方面，未来技术主要向通用化、智能化以及基于高性能计算的在线处理方向发展，预测技术将从传统面向单一场（站）的方式向区域化、通用化方向发展，并具备在线修正及动态优化功能，以改善基于离线建模的传统预测方法无法及时更新区域内新建场站的预测建模、无法有效预测分布式风电等问题的技术瓶颈。基于大数据分析技术，挖掘海量风电数据的内在规律进而提高预测精度也是未来重要的发展趋势。数值天气预报方面，将向高精度、精细化方向发展，具体的技术将从目前单一模式向多模式的集合预报发展，从基于传统监测数据同化向包含卫星等非常规数据的多源异构数据同化技术发展，从中尺度的数值模式向中小尺度耦合发展等。在保证精度的前提下实现精细化资源预报。通过数据挖掘和信息特征深度学习，实现物理与数据联合驱动的预测精度提升是未来一段时间新能源功率预测技术发展的主要方向。此外，针对预测结果中仍不可避免的极端预测偏差，发展面向极端预测偏差场景的预警技术，也是未来一段时间亟须攻克的技术。

风电功率预测主要涵盖风能资源数值模拟与气象预报、风电功率多时空尺度预测、风电功率概率预测与事件预测 3 个主要技术方向，上述各研究方向的技术发展需求分析如下。

（1）风能资源数值模拟与气象预报

掌握边界层内资源波动机理是提高数值天气预报精度进而改善新能源功率预测精度的基础，基于现场观测数据的集合——四维同化技术是提高数值天气预报精度的有效手段，结合卫星遥测资料、气象观测资料等，研发多源异构气象数据集成平台。此外，网格分辨率是影响数值天气预报精度的关键因素，研究基于"超级云计算"的数值天气预报动力降尺度技术。

新能源资源预报的核心是数值预报模式，而由于数值预报模式中次网格尺度的气象演变机理尚未完全掌握，因此采用参数化方案来描述，且由于数值积分计算引入的各种误差积累，严重影响了新能源资源预报的精细化程度及其精度的提升。近年来，随着人工智能方法的快速发展，采用人工智能方法解决次网格尺度气象过程参数化和积分误差不断累积的问题，进而提高预报的精细化水平和提升精度已成为可能。因此，基于气象机理的数值天气预报模式和人工智能方法相结合，并应用于新能源资源预报，是未来发展的必然选择。

另外，针对海上数值天气预报，国外主要采用海洋模式、大气模式互相耦合的方法进行预报，一般用于全球性预报，时空分辨率较粗，缺少轮毂高度风速预报结果，且缺少海浪对于边界层的作用模拟。国内一般使用适用于陆地的大气数值模式进行海上预报，缺少对于海洋、海浪的边界层作用模拟。目前国内外学术界的最新发展趋势是使用区域性的、分辨率精细化的海气浪耦合模式进行预报，并且耦合器采用更加快捷高速的"非通量订正"等技术，由于更适用于大规模并行计算，因此具备了从学术界向工业界迈进的可能性。

（2）多时空尺度、多预测对象的新一代功率预测方法体系

在不同时间尺度上消纳风电必须以不同时间尺度上的风电功率/电量预测为基础，构建多时间尺度风电功率预测方法体系，满足不同时间尺度风电优化调度的应用需求。传统以风电场为预测对象的预测方法无法快速满足全面覆盖大型风电基地的建模需求，需开展面向风电集群的功率预测技术；针对传统静态模型无法及时响应电站运行状态的改变，需要开展更智能的动态优化预测技术，掌握气象机理与人工智能相结合的新能源资源预报技术，建立不同时空尺度下的资源差异化预报模型，提升资源预报准确率；借助新一代人工智能技术，创新功率预测模式，进一步提高新能源功率预测的精度和智能化水平，切实提升新能源功率预测技术水平。

不同的气象过程下风电场的发电规律通常有所不同，功率预测的误差特征也会相应不同，传统的风电功率预测技术通常忽略不同天气系统下误差特征的分析与校正，需开展基于误差导向的多尺度天气系统特征提取方法，在对天气系统进行准确划分的基础上有针对性地构建风电功率预测模型及误差校正模型。

在风电场实际运行中，影响风电场发电功率的因素包括一个区域的气象形势，现有的功率预测技术仅依靠风电场所在位置经纬度的气象参数对未来发电功率进行预测，未能融合全部影响发电功率的气象因素，需开展基于资源时空特征大数据挖掘与智能匹配的风电功率预测技术，采用深度学习算法，研究适用于风电功率预测的深层网络结构，提取并融合风电场周边一定区域的气象特征，建立基于区域气象特征的风电功率预测模型。

随着海上风电装机的发展，需研究海上风电功率预测技术。海上风电功率受海洋气象的影响，发电规律和陆上风电有所不同。需研究海上边界层耦合作用机理，研发海气浪预报模式耦合器，构建基于海气浪模式耦合器的海上数值天气预报系统。在海上数值天气预报系统的基础上，研究考虑海上风

电波动特征规律的海上风电功率预测方法，并研究海上风电出力预测结果极端偏差预警技术，研发海上风电功率预测及极端事件预警平台。

此外，风电功率预测模型精度受历史数据质量的影响较大。预测模型的训练数据集通常由历史运行数据组成，历史运行数据质量的好坏直接影响预测模型的泛化性能。为提升风电功率预测性能，亟须研究历史运行数据中异常数据的自动识别与修正模型，对历史运行数据进行质量管控。

（3）风电功率概率预测与事件预测

目前传统的确定性调度方法在经济调度与运行风险评估方面存在不足，可用于调度决策评估的概率预测技术将成为确定性预测的重要补充。由于气象条件的不确定性、预测模型拟合及泛化能力、训练数据质量等原因，风电功率预测存在的误差和不确定性是不可避免的。传统的确定性预测方法无法提供对预测结果不确定性的定量描述，无法为含风电电网运行与安稳分析提供全面的决策支撑，亟须研究可以提供预测结果不确定性的风电功率概率预测技术，为调度决策提供未来风电功率的置信区间或者分布密度。

大型新能源基地输出功率的快速、大范围波动将对电网运行带来极大风险，亟须针对这类高风险事件的准确预测开展研究。随着风电渗透率的增加，风电功率大波动对电网安全带来的风险也越来越大，风电功率短时间大幅度的变化，会对电网的电能质量以及安稳运行造成严重的威胁，极端情况下可能造成频率失稳等安全问题。针对此类问题，亟须研究风电功率事件预测技术，在极端气象事件预测的基础上，开展风电功率爬坡事件预测，并研究爬坡事件概率预测，为电网调度机构提供影响电网安稳运行充分的预警信息。

2.3.3　生态与气候评价

我国地域宽广、风能资源丰富，适于大规模发展风电。在大规模发展风电的同时，认清风电开发对生态环境和气候变化的影响是十分必要的。由于目前对风能资源环境评价技术研究甚少和实测资料的缺乏，风能资源评估、风电建设对生态环境的影响评价是否符合实际情况也需要进一步验证。亟须加强风能资源环境评价关键技术研究及应用示范，以便真正了解和掌握我国风能资源特征及分布、风电场建设对环境及生态的影响，指导我国风电场的布局和项目审批。未来生态环境与气候环境评价的发展需求分析如下。

（1）亟须建立风能开发区的生态、环境和大气边界层气象监测站网，开展资源开发前、后的跟踪监测

现有关于风能资源开发的生态与气候变化影响研究主要依赖数值模拟技术，首先对风轮转动对大气湍流动能的改变、风电场布设对地表粗糙度的改变等进行一定的量化假设，然后进行数值模拟推算。由于缺少观测数据的支撑，这些假设条件和数值模拟结果令人难以信服。目前我国西部拟建和在建的风电场项目还较多，应及时建立生态环境和气候环境跟踪监测，为评估风电开发对生态环境和气候变化的影响，积累基础资料。同时，基于监测数据，研究风电机组运行对近地层湍流能量交换和地表能量平衡的影响机理及参数化数学分析方法，预测风能开发利用的长年代气候和环境效应。

（2）亟须研究多学科交叉评估技术

现有的风电场规划方案与交通规划、渔业规划、保护区等都存在空间交叉。风电场规划建设方案的环境生态评价不仅涉及能源、环保等技术领域，还涉及交通、渔业、军事等相关领域，但目前还未有对风电场规划建设方案的环境生态方面的多学科交叉评估技术，导致能源部门编制的风电规划方案与其他部门不衔接、批准的项目与其他部门的要求有冲突，致使风电规划难以落实、风电项目推进举步维艰。亟须研究多学科交叉评估技术，建立跨部门联动机制，协调风电规划布局与项目选址及建设，保障风电产业的健康有序发展。

（3）退役风电设备的无害化处理

截至 2016 年年底，我国已有超过 10 万台风电机组并网运行，按照使用寿命 20 年计算，到 2036 年，我国将面临 10 万台风电机组的退役问题。尽

管良好的故障监控技术与运维技术可以延长机组使用寿命，但退役风电设备如何安置处理，已经是一个不可忽视的问题。目前国内该领域研究关注度不高，且多处于理论研究阶段，如叶片及永磁材料的分解回收技术等，但离应用实践尚有距离。

2.4　发展目标

2.4.1　风能资源评估

近期（2020 年前后），完成全国典型地区湍流风参数的分类分级指标，为风电机组和风电场设计提供参考；完成中小尺度模型或 CFD 模型的初步设计，完成特殊环境测风技术研究和方法优化；对风电场测风塔进行标准化管理，构建资源监测网，研究数据深度融合技术，建立测风数据集。

中期（2021～2030 年），完成中小尺度模型或 CFD 模型的优化和针对我国地形和气候参数设定，完成资源监测卫星设计、样机试制、监测网络优化、在轨调试及运行。

远期（2031～2050 年），实现风能资源精细化评估，完成卫星监测数据的订正，使数据精度达到要求。

2.4.2　风电功率预测

近期（2020 年前后），研究风电功率预测定制化数值预报模式技术，研究多类型风电中长期、短期、超短期功率及电量预测技术，研究风电功率概率预测技术及爬坡事件预测技术。

中期（2021～2030 年），建成"云+端"的风能资源预报服务能力、不同时间尺度风电功率（电量）预测服务能力以及预测误差风险在线分析及预警能力，资源、功率预测精度满足调度应用需求，概率预测和事件预测辅助决策能力显著提升。

远期（2031～2050 年），集资源预报、功率预测、误差预警等能力于一体的风电智能化预测预报系统成熟运行，预测预报精度卓越，支撑能力完全满足应用需求。

2.4.3　生态与气候评价

近期（2020 年前后），逐步建立风能开发区的生态、环境和大气边界层气象监测站网；研究典型风电场对环境生态的影响，研究风电开发对环境影响的评估标准与评估方法体系。

中期（2021～2030 年），初步建成风能开发区的生态、环境和大气边界层气象监测站网；深入研究各类风电场的环境生态影响，研究环境生态友好型风电机组制造技术；研究适合叶片性能要求和大尺度几何结构的易回收或降解的树脂体系及其成型技术；研发不同类型风电磁体回收与无害化处理关键技术；提高风电机组退役关键部件的回收再利用。

远期（2031～2050 年），从政策、机制、规划方面建立风电开发环境与生态保护体系，全面推广环境友好型风电场建设标准；研发不同类型风电叶片组成材料的高效分离回收装备，以及不可回收材料无害化处理装备，完成退役风电机组的大规模高效再利用。

2.5　重点任务

2.5.1　风能资源评估

重新认识 300m 高度以下风资源特性，根据我国气候和地形特点建立适用于风电机组和风电场设计的湍流风参数分类分级指标体系；建立非定常各向异性的中、小、微多尺度融合的风能资源评估数值模拟软件系统，实现雷达、卫星对风能资源的连续、多角度监测，建立资源监测网。

2.5.2　风电功率预测

（1）面向风电预测的风能资源数值模拟与气象预报技术

突破大气边界层数值模式的应用瓶颈，研发适用于风电功率预测的数值天气预报关键技术，建立风能资源数值模拟平台，数值预报精度达到80%以上。

（2）考虑资源相关特性的风电集群功率预测技术

突破集群划分及功率预测在线建模关键技术，针对不同运行状态风电场、不同预测时间尺度分别构建模型，实现对省级电网风电场集群不同时间尺度功率预测的快速全覆盖。

（3）风电功率概率预测与事件预测

突破多扰动条件下的概率预测方法，建立风速快速波动等极端事件预测，实现对现有确定性预测的有益补充。

2.5.3　生态与气候评价

（1）研究风电开发的环境生态影响评估标准与评估方法

研究并降低风电开发的环境生态影响，需要对其影响进行科学的研究与评估，因此首先需要基于典型风电场案例研究风电开发对环境生态影响的评估标准与评估方法，建立评估体系，以指导相关的研究、评估工作。

（2）全面研究风电开发对环境、生态的影响及解决对策

在风电开发的过程中要消除或减小其对环境、生态的影响，需要在风电场建设前期的规划、选址阶段予以充分的重视。因而需要从噪声影响、视觉影响、电磁影响、水土保持、地表植被、海陆动物和宏观气候等方面研究风

电开发对环境生态的影响，深入研究其影响形成的条件与影响程度，建立评估指标，研究解决方法。在风电场规划、选址阶段将这些因素纳入研究要素，从而实现从源头上将风电开发的环境生态不利影响消除或减小，实现能源开发与环境保护的双赢。

（3）研究环境友好型风电机组制造技术、施工技术

风电机组的噪声影响、电磁影响，风电场建设施工阶段对区域植被、水土或底栖鱼类的影响，均需要从技术层面进行解决。因此相关优化改进技术、合理施工是问题的关键所在，需要在这些方面予以重视、加大研发力度，给予政策与经济支持。

（4）研究退役和废弃机组材料的无害化处理与循环利用技术

研究适合叶片性能要求和大尺度几何结构的易回收或降解的树脂体系及其成型技术；研发不同类型风电叶片组成材料的高效分离回收技术及装备，以及不可回收材料无害化处理技术与装备；研发不同类型风电机组磁体回收与无害化处理关键技术与装备；研究不同组成材料的永磁体高效清洁分类回收技术与永磁材料再利用技术。

总之，建议开展实验研究，进行实际模拟。在风电场施工时，政府应在施工条件中加入生态保护条件，所进行的破坏应可恢复；另外，应加强环境和生态保护的投入。

2.6　研发体系

2.6.1　风能资源评估

总体来看，在风能资源评估方面，目前我国风能资源观测手段以测风塔观测为主，没有形成风资源监测网。随着风电开发地区向高海拔、高寒等地区发展，开发方式由集中式向分散式发展，应基于风电功率预测资源，建立

多个测风塔，测风塔上增加对两侧温度的监测，以实现资源监测网的构建。另外，雷达和卫星等遥感方法可作为资源监测的主要补充，可在冰冻、风暴和台风等灾害天气仍能获得大范围时间空间连续的风能资源监测数据。

我国区域资源评估方法主要以数值模拟方法为主，已和世界先进国家接轨。然而我国对于风电场资源的模拟和评估，缺少本土化的资源评估模式和软件，需要展开这方面的研究。同时为了提高资源评估结果的准确性，应建立合理的数据共享机制和适合我国资源国情的资源评估标准。

未来研发的关键技术包括：研发我国陆地、海洋及高空风资源测量评估与分析技术，建立适用于我国气候和地形特点的数值天气模式和风能资源评估软件。主要内容包括：建立国家级的风能资源基础数据平台，研发风能资源测量技术和关键装备，建立基于虚拟测风塔的分散式风能资源评估技术，研发海上风能和高空风能资源评估分析技术，实现高空、海洋等特殊环境风能资源评估与监测。

2.6.2　风电功率预测

我国风电功率预测技术经过十余年的攻关研发，已建立较为完善的预测体系，预测精度也与国际上持平，但在基于高性能计算的在线处理方面还有待深入，在数值天气预报的高精度、精细化方面也有待提高，这些都将提升风电功率预测的准确度和实用性。

未来研发的关键技术包括：气象机理与人工智能相结合的网格化新能源资源组合预报技术、新能源资源多时空尺度差异化模拟与功率预测技术、基于人工智能的新能源功率预测方法研究与应用技术、海气浪交互作用下的海上风电功率预测技术，研发高分辨率、高精度的风电功率预测体系。主要内容包括以下几个方面：

1）研究新能换资源及气象监测网络优化布局技术；研究基于边缘计算的"天-地-空"物联智能感知与变分融合分析技术，研究考虑静力平衡和风压约束的资源观测场构建方法；研究基于人工智能方法的数值模式次网格过程降尺度模拟方法；研究基于有限离散观测数据的高维网格化预报结果智能校准技术；研究基于多模式预报结果的集成学习预报技术；研究基于天气过程智能辨识的数值模式动力参数及物理过程自适应优化调整技术。

2）研究基于大尺度气候动力预测的中长期资源预报技术；研究基于常规气象要素变分同化和深度学习在线校准的短期预报技术；研究基于高频非常规资料非线性趋势预测与精细化短期数值模式融合的短时临近预报技术；研究面向典型微地形及复杂下垫面的微气象预报技术；研究考虑智能气象监测数据及可靠性的区域新能源资源分布实时模拟技术；研究变时空尺度的新能源功率预测技术。

3）研究误差导向下的多尺度天气系统特征提取方法；研究适用于新能源功率预测的深层网络架构；研究基于资源时空特征大数据挖掘与智能匹配的集中式新能源功率预测技术；研究面向新能源群体预测的理论和方法；研究基于人工智能的预测模型自动建模方法；研究基于误差感知的预测模型参数智能在线调整技术；研究风电功率快速大范围波动以及阵风影响下的爬坡事件预测技术；研发新能源功率智能预测平台。

4）研究海洋-大气-海浪的边界层耦合作用机理；研发基于"非通量订正"等技术的高速并行海气浪预报模式耦合器，构建基于海气浪模式耦合器的海上天气预报系统；研究考虑海上风电波动特征的功率预测方法及预测模型构建方法，研究海上风电出力预测结果极端偏差预警技术，研发海上风电功率预测预警平台。

2.6.3　生态与气候评价

在风能生态与气候评价方面，关于陆上/海上风电开发对生态与气候的影响，国内外研究显示，风电开发在噪声、视觉、电磁、水土保持、地表植被、海陆动物和宏观气候等方面会对生态与气候造成不利影响。按空间尺度划分，其影响还可分为直接影响、区域环境影响和宏观环境影响。关于风电开发对生态与气候影响的研究，由于我国起步较晚，因而与国外先进水平相比在实证研究、环境评估关键技术方面研究较为薄弱，此外存在研究手段较为单一、缺乏长时间气候影响研究等问题。总之，建议开展实验研究，进行实际模拟。在风电场施工时，政府应在施工条件中加入生态保护条件，所进行的破坏应可恢复；另外，应加强环境和生态保护的投入，要消除或减小风电开发对环境生态的不利影响，未来需要从完善风电规划、创新风电管理制度、加强关键技术研究等方面展开长期和持续的研究。

  未来研发的关键技术包括：研发掌握陆上/海上/高空风能资源开发对气候、环境和生态影响的评价与恢复技术，退役和废弃机组材料的无害化处理与循环利用技术。

  风能资源与环境评价研发体系框图如图 2-1 所示。

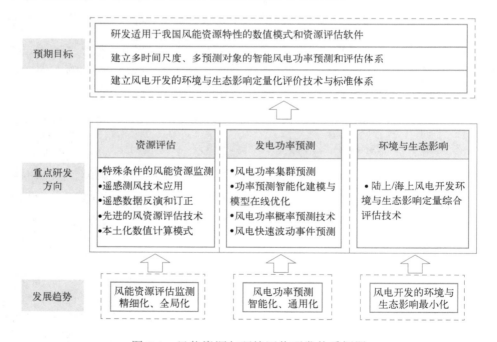

图 2-1　风能资源与环境评价研发体系框图

2.7　发展路线图

2020 年前后，重点完成风能资源评估技术及软件开发、集群功率预测、概率预测、事件预测等技术的集中攻关工作；2021～2030 年，开展风能资源评估、集群功率预测、概率预测、事件预测等技术的示范验证，并开展风电开发对环境生态的影响及对策研究，开展环保风电机组制造、施工技术研究；2031～2050 年，主要开展相关技术的推广应用工作。风能资源与环境评价技术发展路线图如图 2-2 所示。

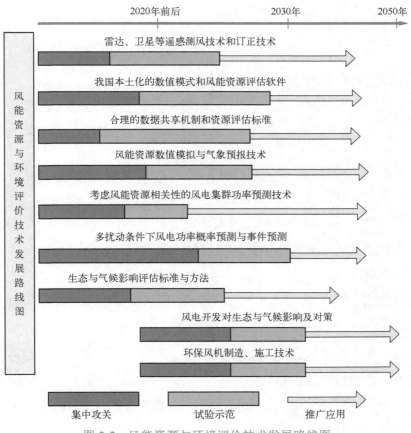

图 2-2　风能资源与环境评价技术发展路线图

第3章　风力发电装备

风力发电装备是风能利用的重要载体，本章重点关注大型风电机组整机设计与制造、数字化风力发电技术和新型风力发电技术。

3.1　国内外研究现状分析

3.1.1　大型风电机组整机设计与制造

1. 大型风电机组的开发

经过十几年的发展，我国风电装机规模快速增长，风电机组技术水平显著提升，风电已经从补充能源进入替代能源的发展阶段。随着技术进步及市场竞争的推动，机组制造商的技术水平和创新能力不断增强，全产业链实现国产化，机组向大型化、数字化、智能化方向发展。我国风电装备制造业的产业集中度不断提高，多家企业跻身全球前 10 名，在满足国内市场的同时出口到欧美及"一带一路"沿线 30 多个国家和地区，基本达到国际先进水平。

从风电机组新增装机容量变化看，近几年来风电机组大型化趋势明显。目前陆上风电机组单机容量达到 3MW 以上，低风速风电机组大叶轮技术不断突破，最大风轮直径超过 140m，塔筒高度增加至 150m。海上风电 4～6MW 是目前的主流机型，10MW 海上风电机组的风轮直径达 185m。2018

年，我国新增装机的风电机组平均单机容量为 2.2MW，同比增长 3.4%；累计装机的风电机组平均单机容量为 1.7MW，同比增长 2.5%。2.0MW 以下风电机组装机容量占比从 2009 年的 91%下降至 2018 年的 4%；2.0MW 及以上风电机组容量从 2009 年的 9%增长至 2018 年的 96%。2018 年，我国并网风电机组的单机容量主要为 2.0～3.0MW（不含 3.0MW），该容量的机组新增装机占比达 82.5%，其中 2.0MW 风电机组装机占 50.6%。3.0～4.0MW（不含 4.0MW）机组新增装机占比为 7.1%，4.0MW 及以上机组新增装机占比为 6.2%。

　　近几年风电整机制造企业的市场份额集中趋势明显，排名前五的风电整机企业新增装机市场份额由 2013 年的 54.1%增长到 2018 年的 75%，增长了 20.9%。排名前十的风电整机企业新增装机市场份额由 2013 年的 77.8%增长到 2018 年的 90%，如图 3-1 所示。

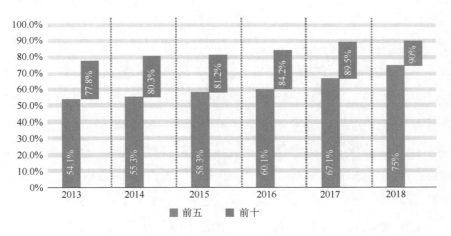

图 3-1　2013～2018 年我国风电机组制造商国内新增装机份额集中度变化

　　目前，欧美风电机组制造商已完成 5～8MW 容量机组的产业化，10MW 以上风电机组样机已并网运行，2014 年，Vestas 公司发布了开发 200m 叶轮直径的 10MW 风电机组的计划，挪威 Sway Turbine 公司、美国 AMSC 和 Clipper 公司已经完成了 10MW 级超导风电机组的设计工作。图 3-2 为欧美制造商海上风电机组容量变化示意图。

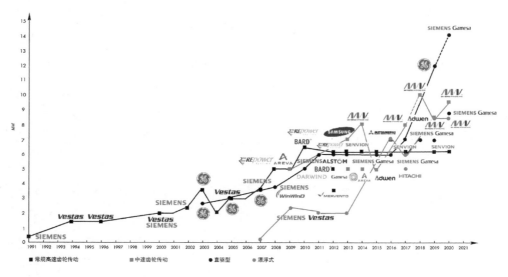

图 3-2 欧美制造商海上风电机组容量变化示意图

在海上风电方面，目前，我国海上风电机组制造商共 11 家，其中装机容量在 15 万 kW 以上的有上海电气、远景能源、华锐风电和金风科技。2018 年，我国海上风电新增装机 436 台，新增装机容量 165 万 kW，累计装机容量为 444 万 kW。其中上海电气新增装机 181 台，容量为 72.6 万 kW（占比 43.9%），其他制造商依次为远景能源、金风科技、明阳智能、GE、联合动力和湘电风能。截至 2018 年年底，在所有吊装的海上风电机组中，单机容量 4MW 机组最多，累计装机容量达到 234.8 万 kW，占海上总装机容量的 52.9%；5MW 风电机组装机容量累计达到 20 万 kW，占海上总装机容量的 4.6%。图 3-3 为我国海上风电机组容量变化示意图。

2018 年，我国海上风电机组平均单机容量为 3.8MW，6MW 以上风电机组大多处于样机示范阶段，距批量化应用还有一段距离，欧洲 2018 年海上风电平均机组单机容量为 6.5MW，行业集中度高，前三名机组制造商的市场占比达 98%；在风电机组基础方面，我国海上风电机组多采用单桩、重力式等机组基础形式，基础设计能力较弱。

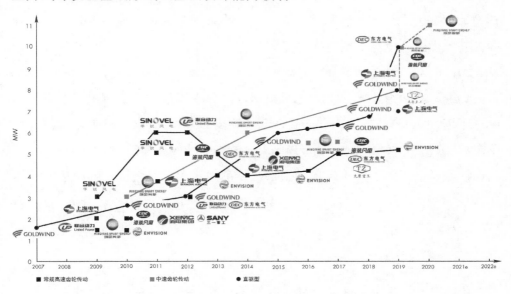

图 3-3　我国海上风电机组容量变化示意图

全球范围内欧洲海上风电发展起步最早，装机规模占比最高。根据 GWEC 的统计，2018 年全球海上风电新增装机容量为 4.5GW，其中中国占比 40%；海上风电累计装机容量为 23.1GW，具体如图 3-4 所示。

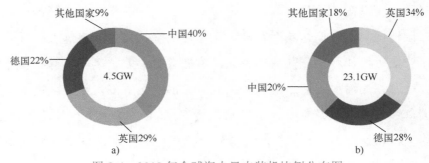

图 3-4　2018 年全球海上风电装机比例分布图

a) 海上风电新增装机情况　b) 海上风电累计装机情况

目前，欧洲 6MW 海上风电机组已形成产业化能力并批量安装，8MW

海上风电机组进入样机试运行阶段，更大容量的海上风电机组也已经开始进行设计；在海上风电机组基础方面，欧洲具备了单桩、多桩、导管架等多种样式基础形式的设计、制造能力。

2018 年，欧洲新建海上风电场的平均水深为 27.1m，苏格兰海岸 Kincardine Pilot 漂浮式海上风电机组示范项目水深达 77m。海上风电场平均离岸距离为 33km，英国 Hornsea One 和德国 EnBW Hohe See 风电场的离岸距离达 103km，德国 Deutsche Bucht 海上风电场的离岸距离为 93km。与之相比，我国已运行的海上风电场全部位于潮间带和近海地区，其中潮间带累计装机容量为 63 万 kW，占比 14.2%；近海区域累计装机容量为 381 万 kW，占比 85.8%。

2. 零部件配套

在风电机组零部件配套方面，我国风电产业已经形成包括叶片、塔筒、齿轮箱、发电机、变桨偏航系统和轮毂等在内的零部件生产体系。其中叶片的技术迭代速度最快，我国早期的 2.0MW 风电机组叶片长度为 93m，2017～2018 年，2.0MW 风电机组叶片长度已超过 120m。为满足中低风速地区项目开发的要求，140m 以上的叶片将成为行业主流配置。从风电机组整机来看，高塔筒、长叶片是风电机组未来的发展趋势。高塔筒带来的优势在于在近地层中，风速随高度有显著变化，高度越高，风速越大。长叶片带来的风轮直径增加可以让同样功率的机组拥有更大的扫风面积。随着叶片长度和扫风面积的增加，切入风速和额定风速都明显下降，使风电机组能够在更低的风速下启动以及更早地达到额定功率。GE 预计 2025 年风电机组风轮平均直径将达到 160m，相比 2015 年扫风面积增加一倍，年发电能力也可以提升一倍，度电成本由此下降 30%。

风电机组中使用铸造工艺生产的零部件包括轮毂、底座、扭力臂和行星架等，每 MW 风电机组需要 20～25t 铸件，按照 1.1 万元/t 的单价估算，2019 年我国风电机组铸件市场规模约为 60 亿元。我国风电机组铸件产能中，前三家产能合计占比超过 50%，行业竞争格局较好。

国内风电机组塔筒制造商超过 100 家，各个厂家的规模差异较大，技术水平参差不齐，行业集中度相对较低。2.0MW 及以上风电机组塔筒主要制造商包括天顺风能、泰胜风能、大金重工和天能重工。2.0MW 以下的风电塔筒市场属于中低端完全竞争市场，生产企业众多。

海上风电桩基基础方面，主要包括：重力式基础、单桩基础、三脚架式基础、导管架式基础和多桩式基础等。据统计，全球已投入使用的海上风电装机容量中，约 80%风电机组基础为单桩基础；其结构简单，成本低，易于生产和安装。紧随其后的分别为三脚架式基础（6%）、重力式基础（5%）和多桩式基础（4%）等。但根据目前计划建设项目所披露的信息，导管架式的基础市场份额将有所增加，反映了海上风电行业向深海远岸发展的趋势。随着深远海风电市场的进一步开拓，漂浮式基础研究与应用将成为必然。

总体来看，叶片、塔筒、发电机和轮毂的产业化进程较快，国产化率较高。MW 级以上风电机组的核心部件，如主轴承和主控系统具有较高的技术壁垒，仍依赖进口。

3. 公共试验平台开发

在公共试验平台开发方面，主要涉及传动链地面公共试验测试。传动链全尺寸地面试验系统为风电机组研发设计提供了可控的试验环境，有利于加速大型风电产品设计-研发-试验的迭代过程，缩短研发周期。我国围绕风电机组传动链地面试验系统开展了大量研究工作，但相关技术及实践已严重滞后于欧美国家。国内金风科技、浙江运达、东方电气等多家风电机组制造商建设了 6MW 级全尺寸传动链测试平台，对优化机组研发设计、验证机组性能起到了良好的作用。目前国内传动链测试平台多为拖动平台结构，部分配有故障电压发生装置，但仅具备对叶轮气动转矩以及部分电网故障的模拟功能。

国际知名风电研究机构都建有国家级大功率风电机组传动链地面公共试

验测试系统，其中美国、德国、英国建设的传动链地面测试系统功率等级高达 10～15MW。

我国在海上风电检测方面，针对环境、机组、电网的专业检测技术能力尚不成熟，亟须加强相关检测能力建设。欧洲已经针对海上风电机组对水文、气象、电网等的影响开展了多项检测研究活动。

3.1.2　数字化风力发电技术

随着风力发电容量和装备的快速大规模发展，风电机组的可靠性、运行效率、工作寿命等问题开始受到专家学者们的高度关注。针对这一问题，数字化风电技术，在风电智能监控、智能运维、故障诊断预警等方面已开展深入研究探索。目前，国内外对数字化风电场建设及其关键技术的研究十分活跃，其相关技术也随之不断发展。数字化风电场关键技术包括：风电机组关键设备状态智能监测技术、智能故障诊断技术、风电机组智能控制技术、数字化运维技术、大数据智能分析技术、精准风电功率预测技术、备品备件智能管理技术、风电场信息智能管理技术等。其中，风电机组智能控制技术已进行了大量的研究，并取得了较好的成果。兆瓦级风电机组已普遍实现了自动起停、自动偏航、自动变桨、自动功率调节等功能。

目前，国内外主要的风电机组厂家如远景能源、金风、明阳、运达、GE、西门子、Vestas 等，都开发有自己的数字化风电场数据及信息管理服务平台及系统，相关科研机构如西安热工研究院、大唐新能源研究院、德国 Fraunhofer 等，工程设计单位如华东勘察设计研究院等也在开展相关研究工作，且开发有数字化风电场数据及信息管理系统。这些系统各有侧重，但均未达到数字化风电场的要求。各风电机组厂家开发的系统通过大数据、云服务来分析并提供风电场规划、测风方案管理，以及风资源评估、微观选址、风电场设计优化、风电功率预测、经济性评价、资产后评估分析等全方位的技术解决方案，还可以对风电机组、测风塔、升压站等设备进行远程集中监控、远程机组在线状态检测、远程故障诊断与修复、机组健康管理及性能评估，并能进行能量管理和报表管理。而科研机构及工程设计单位则偏重数据分析、设备故障智能诊断及预警、设备性能智能分析、智能巡检、智能运维等系统功能的开发及应用。

1. 大型风电场监控

近几年，随着风电场规模不断扩大，如何像常规电厂一样对风电场进行实时监控，成为制约大规模风电并网的关键因素。国内外很多公司也开始着手研发具备较高实用化水平的风电场数据采集与监视控制系统（Supervisory Control and Data Acquisition，SCADA）。2000 年，丹麦 Risφ 国家实验室开发了 CleverFarm 系统。随后，英国 Garrad Hassan 公司、丹麦 Vestas 公司、美国赛风公司、美国卓越通讯，以及国内的一些知名制造商也纷纷推出了自己的 SCADA 系统。这些 SCADA 系统具备基本的数据采集、处理、显示功能，但所支持的通信协议有限，某个系统只能支持某些特定制造商生产的风电机组通信，不具备通用性。早期，我国风电场大多采用国外整机制造商成套提供的风电机组和风电场监控系统，一般采用 Modbus 协议或基于过程控制对象链接与嵌入技术（Object Linking and Embedding for Process Control，OPC），自行组网，不对外开放，有些制造商甚至使用私有协议。这些系统均存在协议不开放，信息描述不统一，无法实现互联互通和扩展等问题，为风电场控制、协调与调度制造了障碍。

为了实现风电场中不同供应商设备之间互联性、互操作性和可扩展性，国际电工委员会（IEC）起草制定了 IEC 61400-25 标准。该标准包含用于搭建风电场监控系统平台的通信原理和模型概述、信息模型、信息交换模型、通信协议映射、环境监测的逻辑节点类和数据类以及一致性测试共 6 部分，是 IEC 61850 标准在风力发电领域内的延展。IEC 61400-25 标准通过对风电场信息进行抽象化、模型化、标准化，实现各设备之间的相互通信。近两年，以欧洲主流风电机组制造厂商、风电机组主控制器厂商、电网运营商为主要参与方的 IEC 61400-25 用户组进行了若干次设备间的互操作实验，某国外制造商在葡萄牙和英国建造了两座满足 IEC 61400-25 标准的试验性风电场，而国内目前尚未开发相关的工程实例。

2. 风电机组智能运维

我国传统的风电场运维策略主要包括例行维护（检查、清洁、加油、加防冻液等）、故障检修（某种程度的故障检修、进行试验或更换主要部件）和状态维护三种手段。国内已有学者提出将 RCM（Reliability-Centered Maintenance，以可靠性为中心的维修）理论引用到设备维修管理中，考虑设备的可靠性、维修性、经济性等影响因素，提出了事后维修、定期维修和状态维修三种维修策略。远景能源公司开发了"智慧风电场管理系统"，冀北电力有限公司在 2013 年依托国家风光储输示范工程开发了"风光储联合发电系统设备状态检修辅助决策系统"，初步实现了风电机组、光伏发电单元、储能单元等新能源发电设备状态检修的辅助管理决策。

在风电场智能化运维管理系统方面，国外起步较早，实用化水平也相对较高，并将天气影响因素考虑在内展开对风电机组维护策略的研究。作为风电场控制系统的载体，GHSCADA、CleverFarm 等系统除具有完成传统的数据采集、分析、展示的功能外，还在功能上集成了风电场安全控制、无功电压优化控制、风电场优化运行等高级控制功能，已初步体现了风电场智能化运维的理念。西门子的 TeamCenter 系统、思爱普的 SAP 系统以及 IBM 的 Maximo 系统在风电场管理中的应用实现了对维修资源的优化配置，也在一定程度上实现了风电场运维的智能化应用。

3. 风电机组故障智能诊断预警

我国目前已经面临大批风电机组陆续过保的现状，风电机组可利用率下降、齿轮箱漏油和叶片等易损零部件因故障及更换造成的频繁停机现象严重。国内一些高校、科研院所和整机厂家逐渐开始重视风电机组健康状态诊断技术，并开展了初步研究，已有一些通用状态监测产品应用到风电领域。在理论研究方面，搭建了风力发电机传动链振动测试平台，以单片机为核心，利用无线模块实现数据无线传输，通过 MATLAB 处理分析振动信号；基于自适应 Morlet 小波滤波器技术对齿轮箱的齿裂早期故障征兆进行提取并进行实验验证；在对旋转机械系统振动信号的降噪、故障特征提取中，提出了基于分形、小波和神经网络的故障诊断方法；在对 MW 级风电机组状态监测及故障诊断研究中，采用硬件的电子谐振器进行共振解调技术分析，总结了故障诊断中的相关判据。

　　一些风能利用发达的国家，如丹麦、德国、西班牙等拥有明确有效的风电产业链，并开展风电装备运行状态评价和全寿命周期评估，将风能资源、风电规划、风电场评估、风电机组设备运行状态与检测结果、风电场运行维护、风电场性能评估等统一考虑，用于开展风电机组状态评价、故障诊断以及经济性运行。目前在科研方面，国外已经形成了几个颇具影响力的故障诊断研究中心，SKF 公司的 WindCon 系列为行内评价最好、技术最成熟的产品，该系统可以实现振动信号的分析及趋势预测，并且具有一定的预警和报警功能，但在精确确定故障类型方面却存在一定困难。

3.1.3　新型风力发电技术

　　除了传统风力发电技术，新型风力发电技术也随之快速发展。

1. 超导风力发电

　　国内外多家公司正在着手开展超导风力发电机组设计，目前研究处于概念设计阶段。在风力发电机中用高温超导体来代替普通电机的铜线圈作为电机励磁绕组，从而极大地降低风电场的建设和安装、发电成本。超导体的零电阻特性不仅解决了散热问题，而且由于电流密度较传统电机提高数倍乃至数十倍，功率密度将会大幅提升。在同样的功率条件下，超导发电机的重量、体积和材料消耗将远远小于传统的双馈及永磁发电机。全球四种基于超导技术的风电机组如下。

（1）挪威 Sway 公司的 ST10 风电机组（见图 3-5）

ST10 风电机组由挪威 Sway 公司从 2005 年开始设计研发，是全球研发起步最早的基于超导发电机的 10MW 风电机组。ST10 风电机组初始研发时仍采用永磁技术路线，配备大直径的永磁环式无铁心发电机，直接由风电机组叶轮驱动。ST10 风电机组的主要优势是节省稀土，比传统的永磁直驱发电机节省 35%～40%的稀土成本；此外，发电机重量也比传统同样尺寸的永磁直驱发电机降低 55%～60%。总体节省的成本 20%左右。

ST10 功率为 10MW、转子直径为 164m。截至 2012 年年底，Sway 投入了超过 2000 万欧元研发 ST10。ST10 风电机组样机计划安装在挪威西海岸。基于研发成本考虑，Sway 公司已放弃永磁技术路线，转而采用超导发电机。

图 3-5　Sway 公司 ST10 风电机组

（2）美国超导公司的 SeaTitan 10MW 风电机组（见图 3-6）

美国超导公司一直致力于超导领域的研究和应用。2010 年美国超导公司开始研发 SeaTitan 10MW 风电机组并于 2012 年完成设计。该机组轮毂高近125m，塔筒顶部直径为 5m，底部直径近 8m。管状钢结构的塔筒能安装在各种类型的传统导管架及深水基础上。SeaTitan 风电机组的核心部分采用高温超导发电机系统，在全功率时功率损耗能降低一半，此外还具有机组功率密度高、部分负载效率高、噪声小、没有谐波、易于维护等优点。目前，美国超导公司正在为 SeaTitan 10MW 风电机组寻找商业合作伙伴以批量化生产。

图 3-6　美国超导公司 SeaTitan 10MW 风电机组

（3）欧盟 SUPRAPOWER 项目（见图 3-7）

图 3-7　欧盟 SUPRAPOWER 10MW 风电机组

2013 年 4 月 23 日，由西班牙 Tecnalia 能源公司和德国 Karisruhe 技术研究所联合领导的欧洲 SUPRAPOWER 研发团队正式组成。研发团队目前有 9 家欧洲顶尖的新能源技术企业和科研机构参与，欧盟第七研发柜架计划

（FP7）已经承诺提供技术研发资助。

利用超导体的巨大潜力来发展海上风电机组，是欧盟资助的项目SUPRAPOWER 的研究目标。带有超导体的发电机可以将功效提高到10MW，在电机中使用超导材料能减少同步电抗和励磁损失，增加空气缝隙中的磁通量密度，无需铁磁心。与永磁发电机相比，能够减少约 50%的重量。与目前广泛使用的永磁发电机相比，超导发电机仅需要不到其 1%的稀土。而且，由于驱动电压低（约 100mV），超导发电机的转子绝缘层热老化效应减弱，没有绝缘失效的风险。另外，超导发电机零电阻特性决定了风电机组超负荷运转时也不会出现过热的情况。

（4）远景能源的 EcoSwing 超导风电机组（见图 3-8）

图 3-8　远景 EcoSwing 超导风电机组

欧盟"地平线 2020"计划资助的由远景能源主导研发的 EcoSwing 超导示范风电机组额定功率只有 3.6MW，但 EcoSwing 超导风电机组的重量较传统发电机减轻 40%以上，其他原材料的用量也会成比例地减少。在EcoSwing 风电机组通过认证的实验室测试后，计划在远景丹麦的风电机组上至少运行 1 年的时间，同时开展相关测试及验证。

　　通过比较国内外四家主要的超导风电机组制造商可以发现，挪威 Sway 公司起步最早但进展缓慢，美国超导公司和欧盟 SUPRAPOWER 研发团队有技术优势，但超导技术在风电领域仍需探索，考虑到 10MW 大功率风电机组的设计和制造难度，批量化生产尚需时间，而远景能源的 3.6MW 超导风电机组路线，是在原 3MW 风电机组基础上进行改进，设计以及批量生产难度较低，产业化进程上有优势。

　　2. 高空风力发电技术

　　风能在近地高度范围内，由于地面粗糙度而具有切变特性，即高度越高则平均风速越大，因而对高空风能资源的利用在多年前就得到了国内外学者的关注。美国国家环境预报中心的数据资料表明：在 500～15000m 的高度范围，风的流向是稳定的，而且高度越高，风的强度越大，稳定性越好；高空中蕴藏的风能超过人类社会总需能源的 100 多倍。高空风风速大，高空风能密度通常是地表风能密度的几十～几百倍。中国高空风能资源储量是世界最丰富的国家之一，在一定高度以上，各地区都是高空风能资源富集地区。例如，当高度在 5000m 以上时，我国绝大部分地区的风能密度在 $1000W/m^2$ 以上，而新疆北部、内蒙古、甘肃北部等低空风能资源最富集地区的平均有效风能密度为 300～$500W/m^2$。

　　高空风力发电具有发电输出稳定、时间长（发电时间 6000h/a 以上，高于常规风电约 2 倍以上）、成本低、功率大（单机组功率可达 50MW）、占地面积小（不到同等规模常规风电的 1/2）、对环境生态无影响、电站选址受限少（在空域许可的条件下各地均可建发电站，可选在主干电网附近或大城市周边、现有风电场附近）等诸多优点。高空风力发电分为发电机在空中的"气球路线"和发电机位于地面的"风筝路线"。

　　关于高空风力发电，世界范围内已超过 40 家公司对高空风能的利用进行研究，国外的创业公司提出了很多有想象力的方案。采用"气球路线"的公司有谷歌下属的 Makani 公司、麻省理工学院下属的创业公司 Altaeros

Energies 等，上述两家公司均设计制造了样机进行现场测试。美国麻省理工学院下属的 Altaeros 风能公司最近成功研制出一款空中风力涡轮机（AWT）（见图 3-9），这架风电机组成功试验漂浮到 350ft[⊖] 的空中，收集的电量为地面标准风电机的 2 倍。"风筝路线"是高空风力发电的主流，空中风能采集部分主要是软体（由轻质高强度化纤材料组成），如意大利的 Kite Gen、美国 Makani Power 的高空风电技术，如图 3-10 所示。

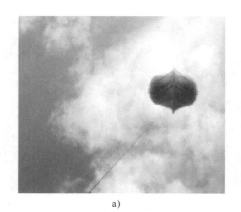
a)

b)

图 3-9　Altaeros 风能公司的 AWT

a)

b)

图 3-10　美国 Makani Power 公司高空风电技术

⊖　1ft=0.3048m。

我国高空风电目前仍处于探索阶段，有少量小功率机组投入试运行，但尚未有商业案例。中路股份公司下属广东高空风能公司于 2010 年 4 月研制出国内首台 100kW 高空风电系统样机，中路股份公司下属天风高空风力技术公司在芜湖建设完成 2.5MW 首台示范高空风力发电系统，实际测试单绳也超过 600kW，成为全球首台实用性大功率高空风力发电系统。

3．漂浮式海上风电机组

海上风电项目开发所用的基础主要为单桩式和导管架式，但它们对水深有着严格的要求。漂浮式基础则可以突破这种限制，有望成为下一代海上风电基础的主力类型。海上风电机组作为一个发电系统，由风电机组、塔架和下部结构（基础或平台）三部分构成；海上风电机组涉及风电和海洋工程两个领域，技术难度大。

海上风电机组的下部结构分为海底固定基础结构和漂浮式平台结构两种形式。安装于漂浮式平台的称为漂浮式海上风电机组（Floating Offshore Wind Turbine，FOWT），它的下部结构由漂浮式平台和系泊系统组成。

20 世纪 70 年代，美国马萨诸塞大学教授 Heronemus 提出海上大型漂浮式风电机组概念；2009 年，挪威石油公司在挪威海岸附近的北海 220m 水深环境中试运行第一台漂浮式机组 Hywind；2017 年，第一个漂浮式海上风电场 Hywindii 在英国诞生，实现了漂浮式风电机组商业化的突破。漂浮式风电走过近 50 年的历程，这期间，漂浮式风电机组早已走出概念设计和实验室研究的阶段，出现了许多各式各样的漂浮式风电机组，漂浮式风电场示范项目和风电场近几年也不断涌现。

漂浮式海上风电机组平台主要有 Spar 平台、半潜式平台（Semi-Submersible Platform）和张力腿平台（Tension Leg Platform），如图 3-11 所示。

（1）Spar 平台概念

Spar 平台概念由 Edword E Horton 在 1987 年提出。Spar 漂浮式风电机

组系统由漂浮式基础（浮体）、系泊系统、塔架和风电机组等组成。浮体的作用是提供足够的浮力以支撑上部风电机组和系泊缆的重量，通过底部压载可使浮体浮心高于重心，从而提高平台的稳定性。Spar 平台底部分为固定压载舱和临时浮舱，平台系统的很大一部分压载是由固定压载舱提供的。固定压载（海水或沙石水泥）产生了较大的复原力臂和惯性阻力，减小了纵摇和横摇运动，保证了平台的稳定性。Spar 漂浮式风电机组通常通过张紧式或悬链线式锚、链、钢缆或合成纤维构成的系泊系统定位。此外，也有 Spar 浮体采用单根垂向的张力腿系泊，张力腿通过滑环固定于漂浮式基础的底部，允许风电机组随风向的改变而旋转。

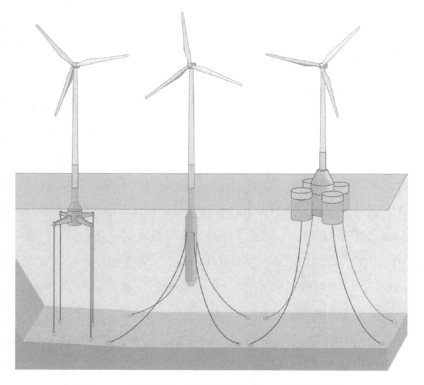

图 3-11　漂浮式海上风电机组平台三种常见形式
（从左至右依次为张力腿平台、Spar 平台和半潜式平台）

　　为了达到稳定性和运动性能要求，Spar 漂浮式风电机组的吃水通常大于或至少等于轮毂距海平面的平均高度以尽量减少升沉运动，同时为了压低重心，还要有比较大的压载重量。Spar 型漂浮式基础的垂荡性能较好，但是在巨大的风力气动推力下，对于漂浮式风电机组比较关心的纵摇性能就不太好了。Spar 型深吃水浮体显著降低了锚链的长度，会导致较高的纵荡固有频率以及较大的机舱运动。因此，浮体底部至海底需保持一定的垂向距离才能使锚泊系统发挥效力。由于 Spar 浮体的吃水较深，通常漂浮式基础只能在岸上制造，再拖航到预定海域，通过向底部压载舱加压载的方式让浮体自动扶正，然后通过吊装船把风电机组吊装就位，但同时也增加了海上吊装作业难度，成本和风险较大。

　　（2）半潜式平台

　　半潜式平台通常由斜撑连接的大型立柱（浮筒）构件组成。风电机组通常安装在一个立柱之上，也可以安装在平台的几何中心。立柱内部通常分隔成多个舱室，便于布置压载。处于漂浮状态时，立柱较大的水线面积可以提供漂浮式风电机组系统所需的稳定性。立柱由一定数量的锚索固定于海底。这种漂浮式风力发电机组可以在岸上建造，再拖航到指定地点与预先安装好的锚泊系统连接。半潜式漂浮式风电机组稳定性较好、移动灵活、适用水深较深且运行可靠，故是今后海上风能开发最有发展前景的装备之一。

　　（3）张力腿平台

　　自 1954 年美国的 R D Marsh 提出采用倾斜系泊方式的索群固定的海洋平台方案以来，张力腿平台经过 50 多年的发展，已经形成了比较成熟的理论体系。自 1984 年第一座实用化 TLP-Hutton 平台（采油）在北海建成之后，张力腿平台在生产领域的应用越来越普遍。

　　张力腿漂浮式风电机组是由垂直系泊的顺应式漂浮式平台结构支撑的风力发电机组。Spar 漂浮式风电机组系统需要在水中安装，而张力腿漂浮式风电机组能够在陆上安装和调试，从而避免了海上安装调试的各种问题。张力腿漂浮式基础通过垂直的张力腿直接连接至海底基座上（吸力沉箱锚或桩基锚）。预张紧的系泊系统使平台在平面外的运动近于刚性，在平面内的运动是顺应式的，从而使其在六个自由度上的运动固有周期有效地避开了主要海浪谱频率，显示出良好的运动性能，这对于海上正常风力发电来说具有很大的优势。目前漂浮式海上风电正从小规模单台样机（2009～2015 年）到小型风电场示范（2016～2022 年）的过程中。

在全球已建成和正在开发的漂浮式项目中，欧洲占据了 3/4 以上。英国全球首个商业化运行的大型海上漂浮式风电项目"海温德苏格兰漂浮式风电场"采用 Spar 平台，已在英国海域投入运行，该项目的 5 台海上风电机组安装在 Spar 式基础上并通过锚链固定在海床，于 2017 年 12 月正式投产，项目位于苏格兰阿伯丁东北方向的英国北海沿岸，项目所处海域平均风速约 10m/s，项目岸距 25km，水深 95～120m，风电场占地面积约 4km^2，每台漂浮式机组间距 1km 左右。苏格兰金卡丁 50MW 漂浮式海上风电项目提供 5 台 9.5MW 的 V164 风电机组，西班牙合资公司 Navantia Windar 正在为金卡丁项目制造漂浮式基础，其设计概念与葡萄牙 WindFloat 24MW 漂浮式项目基本类似。

西班牙安装了 1 台歌美飒 5MW 的海上风电机组，第 2 台则是 EnerOcean 正在开发的漂浮式小型 2 叶片样机，已在大加那利岛附近的加那利群岛海洋平台测试场（PLOCAN）安装。法国计划建造 4 座 24MW 漂浮式示范项目，预计在 2021 年前安装一座位于大西洋，其余三座在地中海，它们分别是由中广核参与开发的 GroixBelleIle，安装 GE 6MW 风电机组，采用 NavalEnergies 的漂浮式基础；由 ENGIE、EDPR 等开发的 Golfe du Lion，安装 GE 6MW 风电机组，采用 PPI 的 WindFloat 漂浮式基础；由 Quadran 等开发的 EolMed，安装 Senvion 6.2MW 风电机组，采用 Ideol 的阻尼池漂浮式基础；由 EDF 等开发的 Provence Grand Large，安装西门子

8MW 风电机组，采用 SBM 的漂浮式基础。葡萄牙 WindFloat Atlantic 漂浮式海上风电项目，全球首个半潜漂浮式海上风电商用项目正在建设中，基础采用半潜式基础。挪威在 2009 年部署了挪威石油的 Hywind I 样机，瑞典在 2015 年部署了 SeaTwirl 样机，随后两国的动作不大。荷兰 SBM Offshore 公司设计的漂浮式风电机组基础，连同其设计的系泊系统和商业化海上风电机组，一起获得了美国船级社（ABS）的原则性批准。该基础是法国 Provence Grand Large 项目的基础型式。

除上述已完成安装的单台样机示范项目外，Hywind 技术凭借起步早、技术成熟度高的优势步入了小批量示范应用阶段。在葡萄牙和英国，WindFloat Atlantic 和 Kincardine 项目分别采用 WindFloat 半潜式机组技术，正在开展小批量示范风电场的建设。此外，近年来，法国逐步成为漂浮式海上风电的后起之秀，政府核准建设的小批量示范项目包括 EolMed、Groix & Belle-Ile、Provence Grand Large（PGL）等（表 3-1）。

表 3-1 小批量漂浮式示范风电项目统计

项 目	国 家	进 展	年 份	容量/MW	水深/m	开发商	单机功率/MW	基础类型
Hywind Scotland	英国	已安装	2017	30	100	Equinor	6	立柱式
Kincardine Phase 1	英国	已安装	2018	2	62	Cobra	2	半潜式
Kincardine Phase 2		建设中	2020	47.5	62	Cobra	9.5	半潜式
WindFloat Atlantic	葡萄牙	建设中	2019	25.2	50	WindPlus	8.4	半潜式
Groix & Belle-Ile		已核准	2021	24	62	FEFGBI	6	半潜式
Provence Grand Large		已核准	2021	24	30	EDF	8	张力腿式
EolMed	法国	已核准	2021	24.8	62	Ideol	6.2	驳船式
Eoliennes Flottantes du Golfe du Lion		已核准	2021	30	71	EDPR、Engie	10	半潜式

（续）

项　目	国　家	进展	年　份	容量/MW	水深/m	开发商	单机功率/MW	基础类型
X1 Wind PLOCAN	西班牙	已核准	2021	待定	62	X1 Wind	待定	张力腿式
Floating Power Plant PLOCAN		已核准	2021	待定	62	Floating Power Plant	8	半潜-波浪能联合式

目前国内外尚无进入大批量商业化运营阶段的漂浮式海上风电项目。根据现有的开发计划，最早进入该阶段的漂浮式海上风电项目将是HywindTampen 风电场。它由 Equinor 公司开发，位于挪威北海北部水深110m 的 Tampen 海域，装机容量为 88MW，安装 11 台西门子歌美飒的 SG 8.0-167 DD 机组，基础采用 Hywind 立柱式混凝土平台方案。

国内已经开展了漂浮式海上风电的研发工作，国家"863 计划"项目在2013 年启动了漂浮式风电项目研发，分别支持了两个项目：一是由湘电风能牵头开展的"基于钢筋混凝土结构的海上风电机组局部浮力基础研制"。该项目提出了一个钢筋混凝土结构半潜平台方案，完成了 3MW 及 5MW 海上风力发电机组在风、浪联合作用下载荷分析，进行了机组适应性设计；另一个是由金风科技牵头开展的"浮筒或半潜平台式海上风电机组浮动基础关键技术研究及应用示范"，该项目针对金风 3MW 机组提出了优化的半潜平台方案，并完成了载荷分析、水池试验研究工作。在此之后，国家部委在2016 年密集发文，推动深海浮动技术研究：2016 年 4 月，国家发改委、国家能源局联合发布《能源技术革命创新行动计划（2016—2030）》，将深海风能利用提上日程；2016 年 6 月，国家发改委、国家能源局、工信部联合印发《中国制造 2025：能源装备实施方案》，明确要求开展"海上浮式风电机组以及各种基础形式"的技术攻关；2016 年 12 月 30 日，国家海洋局发布《海洋可再生能源发展"十三五"规划》，要求实施海洋能科技创新发展，明确提出研发深海浮式风电机组，掌握远距离水深大型海上风电场设计、建设以及运维等关键技术，推进深海风电发展。

但相比欧美等风电发达国家，我国漂浮式海上风电发展较慢，目前没有建成的漂浮式海上风电项目，在 2022 年之前可能有 3 个漂浮式风电机组项目，它们分别在上海、福建、汕头，但不确定性较大。

3.2 国内外技术差距和瓶颈分析

3.2.1 大型风电机组整机设计与制造

1. 大型风电机组的开发

近年来，在技术进步及市场竞争的推动下，我国陆上风电产业技术基本和欧美国家保持同步，风电机组整机设计从许可证生产、与国外公司联合设计向自主设计发展。1.5～3MW 主流机型的风电机组已经批量生产和应用，产业链已经基本成熟，叶片、齿轮箱、发电机、电控系统等已经实现国产化和产业化，基本能够满足国内市场需要。但我国风电基础研究和共性技术研究方面相对不足，风电机组设计软件及载荷评估软件绝大部分为欧洲公司产品，设计标准方面基本全部按照 GL 及 IEC 标准的要求进行，未完全考虑到我国陆上不同风电场的差异性。在运行风电机组的参数和运行状态也差异较大，在风电快速发展期进入的一些机组制造商现已破产倒闭，给在运行机组的后期维护带来较大困难。

通过国家多年的持续支持，我国风电制造技术取得了长足的进步，特别是带动我国风电产业持续发展，基本形成了完整的产业链，为我国风电市场提供大部分装备。但我国风电制造技术和产业技术集成方面与国际先进水平相比还存在着较大差距，主要表现在国内风电机组效率和质量仍然有待提高，整机设计能力与国外相比差距依然很大，关键零部件设计制造能力存在差距。

我国海上风电机组研发多为与国外企业联合研发，如我国海上风电机组占比最大的上海电气是与西门子联合设计开发海上风电机组，核心的设计源代码大多掌握在外资企业手中，我国海上风电机组控制技术尚不成熟。海上风力发电机组研制、海上风电场建设、支撑基础等关键技术均落后于欧洲风电先进国家。

我国由于缺少海上风电场示范经验，风电机组的设计开发与整个海上风电工程无法协调衔接，导致占海上风电投资成本较大比例的基础设计成本难以降低，加之机组的可靠性仍未得到验证，海上风电的度电成本急需优化提高。这就需要通过整机设计优化，控制策略，叶片、塔架及基础设计优化整合的一体化海上风电机组设计技术，实现风电机组、基础整体综合和整个海上风电场的成本最优，避免各部件单独设计导致过剩及浪费，有效降低海上风电度电成本。

我国海上风电与欧洲海上风电的主要差距有：①海上风电装机规模偏小，2018 年我国累计装机容量仅为欧盟海上风电装机容量的 19.6%，欧洲海上风电机组技术已处于成熟发展阶段，而我国海上风电机组技术整体处于起步和快速发展阶段；②风电机组容量偏低，我国新增的海上风电机组容量大多在 3～5MW 之间，风电机组成规模装机的机型不多，部分安装的机组为试验样机，而欧洲海上风电机组容量大多在 4～8MW 之间，且均已经进入商业化运营阶段，10MW 风电机组也有了试验样机；③2018 年欧洲新建海上风电场平均水深为 27.1m，平均离岸距离为 33km，我国已运行的海上风电场全部位于潮间带和近海地区。

2．零部件配套

我国风电产业领域的基础理论及元器件研究方面仍存在短板，机组变流器核心的 IGBT 元件及主控系统 PLC 硬件大多还需要进口，控制技术的性能及稳定性仍需要进一步优化。

3．公共试验平台开发

传动链地面公共试验测试：我国目前仅有部分风电企业建设有自己的测试台，但是测试功能相对单一，不具备公共性和独立性。此外，目前建设的全尺寸传动链测试平台多由机组制造商运营，缺乏大容量风电机组传动链公共测试平台，不能有效满足大容量风电机组测试的需求。

海上风电检测：我国适合开发海上风电的区域集中在东南沿海，具有台风、盐雾、高温、高湿等恶劣气候特点，针对环境、机组、电网的专业检测技术能力尚不成熟，亟须加强相关检测能力建设。

3.2.2　数字化风力发电技术

目前，风电机组制造商及科研机构虽然在数字化风电技术研发建设方面做了大量的工作，但现有风电场与先进数字化风电场还存在较大差距，主要体现在以下几个方面：

1）缺少对风场选址、机组选型、基建过程信息的数字化智能化管理功能，无法实现设备全寿命周期相关过程的数字化监管。

2）缺少对运维过程及质量、运维安全监督的智能评估体系及方法。

3）对风电场各系统、设备健康状态的评估还需人工参与，未实现真正的智能评估。

4）由于业内竞争及数据保密等原因，各风电机组厂家开发的平台及系统对其他厂商生产的机型适用性相对较弱，不能满足风电场对多家厂商、多种机型信息综合分析管理的需求。

5）初步整合的信息管理平台虽然实现了部分生产、管理和经营业务间的协同，但仍存在部分信息孤岛，如状态监测（CMS）数据、离线检测数据等。积累的海量历史数据和实时数据未得到有效的分析和充分利用。

6）智能决策能力不足，仅完成了数据统计分析等基本功能，离智能管控一体化要求还存在一定差距。设备状态数据、备品备件信息与管理平台缺乏有效关联，无法根据数据分析结果自动推出运行优化、检修方案和备件采购工单等一系列运维决策建议。

1. 大型风电场监控技术

风电场监控系统主要存在协议不开放、信息描述不统一、无法实现互联互通和扩展等问题。我国某些风资源丰富的地区在一段时间内先后投资安装了几批风电机组，它们可能来自不同的风电机组制造商，采用不同的通信协议。即便是采用了同一制造商生产的风电机组，由于电力电子技术、控制技术、单机容量的不同，它们拥有的控制方式也可能不同，且需要不同的运行参数和调控指令。这就会出现一个风电场甚至需要安装数十套不同监控系统的情况，严重制约了风电场的运行管理和改造升级。

2. 风电机组智能运维

我国陆上风电场已经积累了丰富的设计、施工和建设经验，并且陆上风电场向更大型化发展；同时应用环境更加多元化，在丘陵、山区等复杂地形和低温、低风速等特殊环境的应用越来越多。但我国陆上风电智能化运维水平在精细化与信息化方面与国际上存在较大差距。

在海上风电运维方面，欧洲已经发布了相关的导则、标准，运维手段相对完善，而我国目前主要运维手段、监控方法主要借鉴陆上风电场的经验和设备，尚未形成适用于海上风电的运维体系。同时高运维成本、高安全风险是海上风电运维技术发展的双重瓶颈。我国现有的运维船主要有单体船和双体船。根据现在项目的建设情况，预计到 2025 年末将达到 180 艘。国内运维船从 2014 年开始起步，主要由交通艇和渔船发展而来。相对于专业运维船来说，渔船和交通艇在适航性、舒适性、安全性和靠泊方式上表现较差。

3. 风电机组智能故障诊断预警

随着大数据技术的发展，近期国内主流制造商，如远景能源、金风科技、北车集团、联合动力、东方汽轮机等纷纷建立大数据中心并开展了风电机组状态监控及故障预警的研究，但国内风电机组故障诊断技术是在国外先进技术的基础上逐步发展起来的，开发的相关产品和国外相比都有一定差距，整体来看经验不足，产品分析和诊断功能都较为薄弱，主要以趋势判断和定性分析为主，缺乏定量分析，没有专用的评估软件，缺乏长期运行数据，尚不具备整套评估体系及成熟的方法。

综上所述，目前，与数字化风力发电和数字化风电场建设相关的技术如设备状态智能监测技术、智能运维、智能故障诊断技术、风电机组智能控制技术等发展迅速，但就目前技术水平而言，很多技术还不足以支撑数字化风电场的建设与发展。

1）设备状态智能监测技术还不完备，现有技术对于一些设备的状态还无法有效监测，如变桨系统后备电源、通信滑环以及发电机绝缘状态等。设备故障智能诊断及预警结果准确度不高，智能诊断算法不够成熟，在设备故障数据分析与诊断方面多采用人工方式，绝大多数设备故障的诊断及预警仍未实现自动化与智能化，不能满足数字化风电场建设的需要。

2）数字化风电场建设需配备短期甚至超短期内预测精度较高的风电功率预测系统，系统应采用精准的气象信息数据，利用现有的云计算、大数据处理以及精装的预测模型，以提高系统的预测精度。此外，现有的风电机组控制技术还不能根据电网调度信息及风电功率预测系统的结果实现对单台风电机组的智能控制，以达到提高全场发电量并降低单机载荷的目的。

3）智能决策算法及技术不能满足数字化风电场建设的需要。由于信息不完备、数据不完整以及数据多样性，现有智能决策模型建立过程中很难对风电场各设备的状态数据、故障数据、运行及维护数据、备品备件及人员信息数据等各类数据统一建模，导致决策结果不准确。此外，数据缺失将导致模型训练效率低、预测准确度无法提高。因此，为了提高决策模型计算结果的准确度，智能决策模型研究及建立过程中获取完整数据信息是关键，将各类信息进行统一建模是基础。

3.2.3 新型风力发电技术

1. 超导风力发电技术

在超导风电机组研发方面，国内外处于同一水平阶段。超导风电机组目前还只是一个概念，超导技术在其他领域有相关应用，但是应用在风电机组上，现阶段还是不太可行。可能至少还需要 5～10 年，至于大规模商业化生产，可能还需要 30～50 年。

目前超导风电机组的技术限制比较多，最重要的是适应低温环境的问题，如何在风电机组里做到这一点还是比较困难的。另一个是超导材料的供应量和价格问题。在效率方面，超导技术的特性理论上确实可以提高发电效率，但是现在也没有任何一家公司可以提供准确的数据来证明在多大程度上可以实现提高效率及降低成本。

2. 高空风力发电技术

我国高空风电目前处于探索阶段，有少量小功率机组投入试运行，但尚未有商业案例。而国外厂商的技术研发起点很高，理论基础扎实，已开展了样机测试，在实践中采用了大量新材料和传感器，工程经济性较好，相对于国内厂商有显著优势。

3. 漂浮式海上风电机组

漂浮式海上风电技术方面，欧洲较早开始理论研究，并已经建成了多个示范电场。相比欧美等风电发达国家，我国虽已开展了漂浮式海上风电技术的研发工作，但起步较晚、发展较慢，目前没有建成的漂浮式海上风电项目。

3.3　技术发展趋势与需求分析

3.3.1　大型风电机组整机设计与制造

1. 大型风电机组的开发

近年来，国内风电市场中风电机组的单机容量持续增大，国内主流机型已经从 2005 年的 750～850kW 增加到近年来的 2～3MW。随着风电机组单机容量大型化趋势，应持续开展基础研究，引领大型风电机组的设计理念，开发适合我国特点的大型先进风电机组。

目前，我国风电进入规模化发展阶段，陆地风电开发稳步发展，海上风电逐步加速，2020 年后先期建设的风电机组开始退役，使风电机组的市场需求规模逐步增加。2020～2030 年，需要年均 2400 万 kW 的风电机组的生产和供应能力，其中陆上风电机组 1900 万 kW/年，海上风电机组 500 万 kW/年，同期有总计 3900 万 kW 的风电机组需要退役或接受技术改造。2030～2050 年，需要年均 5000 万 kW 的风电机组生产和供应能力，其中陆上风电机组 4400 万 kW，海上风电机组 600 万 kW，同期有总计 4 亿 kW 的风电机组需要退役或接受技术改造。

随着风电技术和海上风电的发展，风电机组的整体趋势是单机容量的大型化和多样化。2011～2015 年，3MW 以下风电机组是市场的主流机组，目前该功率范围风电机组市场已具备大批量的供应能力，能够满足每年 1500 万～2000 万 kW 新增装机容量的风电需求。在基本情景下，2020～2030 年，我国进入海上风电大规模开发阶段，5～10MW 机组主要用于满足该部分市场需求，需年产 2200 万 kW。2030～2050 年，由于 3MW 级以下风电机组开始批量退役，届时对风电机组的需求将会迎来新的高峰，3～5MW

逐渐全面取代 3MW 以下风电机组成为市场主流的风电机组，年供应能力要求达到 3000 万～5000 万 kW 的年供应能力，5～10MW 机组需达到 500 万～1000 万 kW 的年供应能力，深海风电开发应用要求 10MW 以上风电机组达到 100 万～200 万 kW 的年供应能力。

随着风电机组单机容量的不断增加及我国风电开发的不断深入，利用智能控制技术，通过先进传感技术、大数据分析技术的深度融合，综合分析风电机组运行状态及工况条件，对机组运行参数进行实时调整，实现风电设备的高效、高可靠性运行，是未来风电设备智能化研究的趋势。如智能载荷管理技术，通过先进的激光测风技术，预先分析风况变化，提前修正风电机组运行参数，在保证风电机组发电效率的前提下，保护风电机组零部件，已经成为未来智能化风电机组研发的重要研究方向。

为了降低变桨电机单体重量，增强大功率风电机组的可维护性，多电机同步驱动变桨伺服技术将得到应用；以锂电池为代表的高效储能元件作为变桨后备电源将得到更广泛的应用；具备完善的充放电检测、运行寿命检测系统的智能电源管理系统将确保后备电源可靠运行。

大型风力发电机组整机技术需求主要包括：大功率风电机组整机一体化优化设计及轻量化设计技术；大功率机组叶片、载荷与先进传感控制集成一体化降载优化技术，大功率风电机组电气控制系统智能诊断、故障自恢复免维护技术，以及大功率陆上风电机组及关键部件绿色制造技术。风电机组智能化控制技术、极端工况（覆冰、台风）下的载荷安全控制技术；风电机组变流器和变桨距控制系统等的模块化设计技术，以及中高压变流技术、新型变流器冷却技术。

目前海上风电机组的主流机型根据电机类型划分有双馈风电机组、笼型异步电机机组、永磁同步电机机组和电励磁机组，根据驱动类型可以分为高速机组、直驱机组和半直驱机组。随着机组向 10MW 级迈进，由于大型齿轮箱制造技术的限制，直驱型风电机组将逐渐占据上风。

　　作为发电机和电网的接口，风电变流器是海上风电机组中的核心设备，是机组电气性能、变换效率、可用度的主要决定因素之一，是整个风力发电系统的关键与核心。当前海上风电变流器的主流拓扑是两电平拓扑和三电平拓扑，两电平拓扑主要应用于低压风电变流器中，三电平拓扑在中、低压风电变流器中均被广泛应用。随着控制技术的成熟，更多电平的拓扑也开始应用于风电变流器。

　　在我国，各主要风电机组整机制造厂都积极投入大功率海上风电机组的研制工作。为了降低海上风电的度电成本，单机容量大型化是海上风电发展的一个重要趋势。欧洲的新建海上风电项目，7MW 级及以上容量的风电机组得到了越来越多的应用。从我国已经建成的海上风电项目来看，普遍应用的是 4MW 以下的海上风电机组。从风电技术的发展趋势和经济性来分析，7MW 级是未来 5～10 年主要海上风电产品的发展方向。

　　海上风力发电机组技术需求主要包括：海上风电机组在风、波浪、洋流耦合下的运行特性分析技术；大型海上风电机组智能型整机控制系统、变流器及变桨距控制装备；适用于我国的近海、远海风电场设计、施工、运输、吊装关键技术；适合我国海况和海上风资源特点的风电机组精确化建模和仿真计算技术；10MW 级及以上海上风电机组整机设计技术，包括风电机组、塔架、基础一体化设计技术，以及考虑极限载荷、疲劳载荷、整机可靠性的设计优化技术；高可靠性传动链及关键部件的设计、制造、测试技术，以及大功率风电机组冷却技术；拥有自主知识产权的海上风电机组及其轴承和发电机等关键部件；对于恶劣海洋环境对机组内部机械部件、电控部件及对外部结构腐蚀的影响；台风、盐雾、高温、高湿度海洋环境下的风电机组内环境智能自适应性系统。

　　海上风电机组在大容量、全功率变换趋势下，与其功率匹配的风电变流器的容量也日趋增大。受到功率半导体器件的电气规格的限制，大功率海上风电变流器通常采用多变换器并联的技术方案来增加系统容量。此外，海上风电机组的运行维护成本高，并联型变流器具有灵活的冗余控制特性，可提高海上风电变流器的运行可靠性。Siemens 的海上直驱风电机组 SWT-8.0-154 采用双变流器并联的变流方案，Gamesa 的海上半直驱机组 G132-5.0MW 采用 4 台变流器并联的变流方案。可见，多变换器并联是海上风电变流器的必然选择。

2. 零部件配套

随着风电机组单机功率的快速提升，叶片正向大型化、轻量化和智能化方向快速发展，未来几年风轮直径将提升至 120～160m。叶片的技术发展趋势是创新性碳纤维等复合材料的研发及规模化应用，重点包括以下几个方面的内容：①新型灌注树脂的创新开发；②高性能天然纤维材料的研发；③新概念叶片保护材料的研发；④自修复复合材料的研发。一体化成型和分段式叶片将是未来几年叶片的发展趋势。为实现超长叶片的气动稳定，需掌握超大叶轮的动态载荷精确控制技术。

此外，全钢式柔性塔架、辅助控制激光测风雷达、独立变桨系统和中压大容量及碳化硅等新型变流器等也是零部件配套的主要技术发展趋势。中东部低风速区域的新增风电机组塔筒高度将提高至 120～150m。在海上风电领域，新型漂浮式基础及一体化传动链结构等是研究的热点。

为了与深水环境及大尺度、大功率的风电机组相适应，海上风电机组的桩基基础近来也在不断发展，设计者和制造商的主要努力方向在于以下 3 点：

1）优化水下结构几何形式，减小材料密度，以降低结构制造难度。

2）缩短安装时间或减少对高投资风电安装船的依赖，简化结构安装操作流程。

3）完善供应链相关配置。

3. 公共试验平台开发

公共试验平台开发的需求分析主要包括以下几个方面：

1) 在大型风电机组传动链地面实验技术方面，国际知名风电研究机构都建有国家级大功率风电机组传动链地面公共试验测试系统，其中美国、德国、英国建设的传动链地面测试系统功率等级高达 10～15MW。国内目前仅有部分风电企业建设有自己的测试台，但是测试功能相对单一，不具备公共性和独立性。

2) 在大型风电机组数模混合实时仿真实验技术方面，国外风电研究机构研制了主控系统控制器硬件在环的半实物仿真测试平台，构建了虚拟的风电机组主控系统运行环境。国内也有部分风电制造企业开发了类似的仿真系统，但接口兼容性差，测试功能相对单一，性能试验与评估关键技术严重滞后于欧美国家。

3) 在海上风电检测方面，欧洲针对海上风电机组对水文、气象、电网等的影响开展了多项检测研究活动。我国在海上风电检测方面，针对环境、机组、电网的专业检测技术能力尚不成熟，亟须加强相关检测能力建设。

3.3.2　数字化风力发电技术

1. 风电场智能化监控

大型风电场监控技术的发展，是为提高风电场的智能化控制水平，实现不同制造商风电机组间的"互通互信"，但并不是简单的通信协议问题，需要通过建立统一的风电场监控系统信息模型，借助已有的通信映射协议，实现风电场内信息的无缝集成，建设智能化风电场监控平台。

风电场智能化监控的需求分析主要包括：风电机组和风电场综合智能化传感技术，风电大数据收集、传输、存储及快速搜索提取技术；风电场中不同制造商风电机组间通信兼容解决方案，建立风电场监控系统信息模型；大型风电场群远程通信技术，开发风电场间通信协议及数据可视化展示平台，实现风电场信息的无缝集成。

复杂地形、特殊环境条件下大型并网风电场的运行控制优化技术；基于物联网、云计算和大数据综合应用的陆上不同类型风电场智能化控制关键技术，以及适合接入配电网的风电场优化协调控制、实时监测和电网适应性等关键技术。

海上风电场运行监控技术，海上风电场的运行维护专用检测和作业装备；海上机组的新型状态监测系统装备技术及智能控制技术、关键部件远程网络化监控技术。

2. 风电智能运维

风电场智能化运维技术正在向着信息化、集群化的方向发展。通过智能控制技术、先进传感技术以及高速数据传输技术的深度融合，综合分析风电机组运行状态及工况条件，对机组运行参数进行实时调整，实现风电设备的高效、高可靠性运行。针对海上风电运维成本高、运维工作实施难度大的运行特点，研究海上风电场运维服务风险控制方法，开发设备监测及运维管理软硬件平台，通过海上风电场运维技术软硬件开发，降低海上风电运维成本和安全风险。研究以物联网、云计算、大数据等为基础的信息化和互联网技术，所有与风电场有关的资料信息转化成数字化信息并与状态监测数据进行融合，挖掘风电场各个机组、关键设备的实际运行状态信息。

随着风电技术与 IT 技术的深度融合，风电机组和风电场的设计、建设和运营将更多依赖基于云平台的数字化服务。如远程诊断服务，利用大数据和专家库，从中抽象、提炼出数学模型，分析出风电机组关键部件裂化趋势和潜在故障风险，主动对零部件库存、运输和更换进行预测和管理，从而减少机组停机带来的损失。

传统的风电开发企业信息化以 ERP/EAM 等系统为核心对管理进行规范和优化。当前，随着移动、社交等新技术的广泛应用，风电场与风电机组制造商、运维员工的互动方式正在发生巨大的改变，迫切需要在风险可控的前提下，构建透明共享、敏捷高效的数字化管理体系。

业务产品和运维管理的数字化转型相互作用、互相依赖、互相促进，管理数字化转型为业务数字化转型提供体制保障，业务数字化转型为管理数字化转型提供持续优化动力，两者相互融合实现风电场整体的数字化转型。

其中风电智能运维需求分析主要包括以下几个方面。

（1）基于先进传感技术以及高速数据传输技术的风电机组智能控制技术

风电机组智能测量技术，包括整机振动模态测量、整机载荷测量以及齿轮箱和主轴承载荷、激光雷达测风、叶片变形测量等；软测量技术代替传统传感器测量，即利用人工神经网络、支持向量机等算法来实现对风速、载荷的预测；风电场高速数据传输技术，通过高速无线通信网络实时获取风电机组、风电场性能数据，为机组实时智能控制与维护提供更多的决策支持。

（2）海上风电运维技术

根据海上风电设备运行特点，研究海上风电场的运行维护专用检测和作业装备的健康状态评估模型、海上风电机组的新型状态监测系统、智能故障预估的维护技术以及关键部件远程网络化监控与智能诊断技术，开发海上风电设备监测及运维管理软硬件平台，并形成海上风电场运维服务风险控制行业标准。

（3）以物联网、云计算、大数据等为基础的风电信息化运维技术

建立包含风电场群运行数据、气象数据、电网信息和风电设备运行信息的物联网大数据平台，通过多风电场群协同控制和综合分析，加强风电智能控制和发电功率优化；以可靠性为中心的风电场维修理论，按照以最少的维修资源消耗保持设备固有可靠性和安全性的原则，应用逻辑决断的方法确定装备预防性维修要求的过程；基于云计算平台的风电大数据挖掘及智能诊断技术，将数据分析范围覆盖风场从设计建设到状态监测、故障诊断以及运营维护的全流程。

3. 风电机组智能故障诊断预警

当前风电机组的运维主要采用定期检修和故障后维修的"被动"维修方

式，需要改变风电机组运行维护方式，充分利用风电状态监控，开展预警相关研究，变风电机组"被动"维修为"主动"维修，提高风电运维效率，增加风电开发收益。当前在役风电场均配有监控与数据采集系统（Supervisory Control and Data Acquisition，SCADA），具备多年运行积累的历史数据；2010 年以来，为监测风电机组振动状态，新增风电机组几乎都配有振动状态监测系统（Condition Monitoring System，CMS），基于大数据技术开展风电状态监控及智能预警研究已具备开展条件。结合 SCADA 数据、CMS 数据，开展风电机组状态预测与故障诊断方法研究，开展振动信号检测与分析研究，对风电机组关键部件故障进行特征提取与精确定位，并结合疲劳载荷分析和智能控制技术，对风电机组进行健康状态监测、故障诊断、寿命评估及自动化处置。

风电机组故障智能诊断预警技术发展需求分析主要包括以下几个方面。

（1）基于 SCADA 的风电机组运行状态评估及故障诊断技术研究

基于 SCADA 系统提取的样本数据，研究风电机组运行数据与主要部件运行特性间的关联关系。研究基于聚类算法、集群分析和机器学习方法（多元线性回归、神经网络、支持向量机等）的风电机组运行状态预测方法。研究风电机组故障诊断方法，采用决策树模型和关联规则理论，结合风电机组长期稳定运行状态的统计特性，研究故障诊断规则。

（2）基于 CMS 的风电机组状态分析和故障诊断技术研究

基于 CMS 的实时振动监测数据，研究风电机组传动系统各主要部件的长期运行特性和变化趋势。研究基于多种振动分析技术（Hilbert 变换、共振解调、倒谱）的风电机组传动系统各主要部件不同故障特征提取的方法。研究风电机组传动系统各主要部件不同故障的频率辨识和故障定位的方法。开发风电机组状态分析数据库及故障诊断信息系统。

（3）基于长期载荷监测的风电机组疲劳和强度分析技术研究

基于风电机组长期载荷监测数据，研究风电机组主要部件疲劳的强度特性。研究不同的风电机组运行工况对风电机组主要部件寿命的影响。研究不同的风电机组故障对风电机组损伤的评估方法及其对不同部件寿命的影响。研究利用风电场 SCADA 数据对风电机组运行工况、故障状态和载荷工况识别的方法。研究将典型风电机组载荷结果应用于风电场内其他同类型风电机组疲劳和寿命评估的方法。

（4）风电机组故障智能反应技术研究

利用风电机组故障数据库和专家信息系统，基于风电机组故障预警结果，结合长期运维记录、风电场人员、备件信息等风电场综合大数据体系，研究风电机组故障智能反应技术。针对不同故障事件在风电机组控制、维护/检修时间、备件需求、人员安排等多方面给出智能化反应预案，保障风电机组健康运行和寿命最大化。

3.3.3　新型风力发电技术

1. 超导风力发电技术

目前超导风电机组的技术限制比较多，最重要的是低温环境的问题，如何在风电机组里做到这一点还是比较困难的；另一个是超导材料的供应量和价格问题。在效率方面，超导技术的特性理论上确实可以提高发电效率，但是现在也没有任何一家公司可以提供准确的数据来证明在多大程度上可以实现提高效率，降低成本。

2. 高空风力发电技术

高空发电（高空 300m 以上）的发电机在空中的"气球路线"受制于空中系统的重量和体积，发电规模难以做大。庞大的氢气球和涡轮机上升到高空不但要克服巨大的自重，安全性能和收集的风能也不是很理想。而且此类发电方式同样需要解决空中系统的稳定性难题及系统控制技术瓶颈问题。发电机位于地面的"风筝路线"需解决"风筝"空中的运行轨迹、空中系统的稳定性难题和空中系统控制技术等问题。

3. 漂浮式海上风电机组

漂浮式海上风电机组的基础部分始终处于三维运动状态，浮动的风电机组基础所带来的俯仰摇摆、移动升降及旋转偏航等运动与各种风况、工况相耦合，常规控制器与荷载仿真模型均已不再适用。同时，较大的机舱运动幅值与加速度值也对风电机组整机结构布局和传动链方案提出新的要求。此外，我国东海、南海区域台风高发，更是对机组抗台风性能提出了严苛要求。因此，漂浮式海上风电机组的设计和控制是该领域难点中的难点。此外，与传统固定式海上风电相比，漂浮式海上风电的建设和运维也存在难点。

3.4　发展目标

3.4.1　大型风电机组整机设计与制造

1. 大型风电机组的开发

从不同功率风电机组的研发方面考虑，风电机组整机技术方面未来发展目标如下：

近期（2020 年前后），实现 5MW 风电机组的商业化运行，完成 5～10MW 海上风电机组样机验证，突破近海风电场设计和建设成套关键技术，掌握海上风电机组基础一体化设计技术并开展应用示范，研制海上风电设备运输船、吊装船等施工维护装备；并对 10MW 以上特大型风电机组完成概念设计和关键技术研究。

中期（2021～2030 年），实现 5～10MW 海上风电机组的商业化应用，完成特大型海上风电机组（10MW 以上）的样机技术验证和示范应用。

远期（2031～2050 年），掌握大容量及新型风电机组及关键部件设计制造技术，研制台风、盐雾、高温、高湿度海洋环境下的风电机组内环境智能自适应性系统，实现大型陆上和海上风电机组的自主化产业化。

2．零部件配套

近期（2020 年前后），开展 120m 左右叶片轻量化研发及新型复合材料技术研究，提出长叶片动态载荷精确控制方案。开展海上风电塔架基础一体化设计及新型高塔架（>150m）关键技术研究；掌握大功率风电机组冷却技术。

中期（2021～2030 年），开展 10MW 级风电机组一体化传动链技术研究，建立大容量海上风电机组漂浮式基础示范试验系统。研究大型风电机组激光雷达测风规模化应用及碳化硅、中压变流器及超导发电机示范研究。

远期（2031～2050 年），研发具备数字影射控制、故障智能自愈的控制系统，研制颠覆性的一体化齿轮箱发电机传动系统，叶片实现 3D 打印全自动生产，实现叶片生产的全自动化监控和工业机器人值守。

3．公共试验平台开发

近期（2020 年前后），开展 100m 级叶片气动性能及可靠性试验评价技术研究，提出叶片安全性验证测试明确的技术要求，掌握高可靠性传动链及关键部件的设计、制造、测试技术，开发建设 15MW 级风电机组传动链地面试验平台系统。

中期（2021～2030 年），开展全工况风载荷模拟、复杂电网环境实时模拟、气动-机械-电气多参数系统联合仿真和基于仿真系统的虚拟测试技术研究。

远期（2031～2050 年），建立全国风电机组及关键零部件测试数据云服务平台，同时建立测试-仿真-验证一体的风电机组并网测试及关键零部件认证体系，为大容量风电机组研发设计提供可控的试验环境，通过风电机组理论设计-研发示范-运行试验过程的迭代优化，实现现场测试数据和设计理论的融合应用。

3.4.2 数字化风力发电技术

1. 风电场智能化监控

近期（2020 年前后），研究风电机组和风电场综合智能化监控技术，开发大型风电场（群）监控系统及优化控制策略。

中期（2021～2030 年），掌握海上机组的新型状态监测系统装备技术及关键部件远程网络化监控技术。

远期（2031～2050 年），研制区域风电场集中监控及智能运维系统，实现非严重故障下的风电机组故障智能感知及恢复功能，风电机组关键零部件的故障预警和维护实现智能化。

2. 风电场智能运维

近期（2020 年前后），完成智能控制技术与先进传感技术、大数据分析技术的深度融合，研究海上风电运维技术，全面提升海上风电机组性能和智能化水平，掌握基于物联网、云计算和大数据分析及风电场智能化运维技术。

中期（2021～2030 年），形成风电场运维服务风险控制行业标准，完成陆上/海上风电场状态监测与智能化运维管理软硬件平台的开发。

远期（2031～2050 年），提高风电场智能化运维技术并不断优化升级运维管理系统，实现风电场智能化运维管理系统的全球化应用。

3. 风电机组智能故障诊断预警

近期（2020 年前后），完成基于 SCADA、CMS（状态监测系统）等风电机组运行数据的风电机组健康状态监测和故障诊断技术研究，建立风电机组运行状态预测及故障预警模型，建立风电机组故障数据库，掌握海上风电机组的降载优化、智能诊断、故障自恢复技术。

中期（2021～2030 年），开发风电机组故障智能预警综合系统，建立风电机组疲劳特性分析和寿命评估通用模型，实现对故障的提前预警、故障位置锁定和主动应急反应。

远期（2031～2050 年），风电机组故障智能预警综合系统实现风电场间广泛应用，对区域内运行风电机组和风电场实现故障大数据多重反馈机制，针对不同故障事件给出智能化反应预案，保障风电机组健康运行和寿命最大化。

3.4.3　新型风力发电技术

近期（2020 年前后），研究超导风力发电机设计制造技术，研究适用于高空发电的风电机组，开展漂浮式海上风电机组的技术攻关。

中期（2021～2030 年），开展超导及高空风电机组工程示范，完成漂浮式海上风电机组的工程示范，实现漂浮式海上风电机组的商业化应用。

远期（2031～2050 年），实现高空及超导风电机组的规模化应用。

3.5　重点任务

3.5.1　大型风电机组整机设计与制造

大型风电机组开发的重点任务：5～10MW 大型风力发电机组、10～20MW 超大型风力发电机组、20～50MW 特大型海上风力发电机组逐步具备工程应用条件，相应的风电机组自适应智能控制系统具备应用条件；分布式大型/超大型/特大型风力发电机组具备工程应用条件。在 2030 年左右，通过技术进步，陆上风力发电设备总体造价能够下降 20%～25%，海上风力发电设备总体造价能够下降 40%以上。零部件配套的重点任务是 5～10MW 大型风电机组叶片、变流器和整机的控制系统具备工程应用条件；相应的风电机组电网友好性控制、环境适应性控制的智能优化控制系统具备应用条件。到 2030 年左右，通过技术进步，大型风电机组控制系统造价下降 20%～25%。

公共试验平台开发的重点任务：研究 100m 级叶片气动性能及可靠性试验评价技术；研究 15MW 级风电机组传动链地面试验技术，建立 10MW 级风电机组传动链地面公共试验系统；研究海上风电试验检测技术，建立海上风电公共测试基地。建设近海海上试验风电场，为新型机组开发及优化提供型式试验场地和野外试验条件。建设 10MW 级风电机组传动链地面测试平台，为新型机组开发及性能优化提供检测认证和技术研发的保障，切实提高公共技术平台服务水平。

3.5.2 数字化风力发电技术

大型风电场监控的重点任务：研究风电场综合智能化传感技术、风电场实时监测技术、风电场协调优化控制技术；研发集成化的风电场监控系统，实现在线、实时的风电场运行状态监测及调度支持控制系统的工程应用；研发海上风电远程网络化监控系统。

风电场智能化运维的重点任务：研究风电机组智能测量及传感技术、风电场高速数据传输技术、风电场综合智能控制技术，开发风电场智能运维系统。研究海上风电状态监测及维护技术，开发海上风电设备监测及运维管理软硬件平台。研究多风电场群协同控制和综合分析技术，提出以可靠性为中心的风电场维修理论，开发基于云计算平台的风电设计、监测、诊断及运维大数据综合分析平台。

风电机组故障智能诊断预警的重点任务：研究针对海量风电运行数据的有效故障样本提取技术；基于决策树模型与关联理论建立风电机组故障数据库；基于多种振动分析技术的风电机组传动系统各主要部件不同故障特征辨识技术；针对风电场全部风电机组的通用载荷监测技术；建立多源信息融合

的风电机组故障预测、性能评价与剩余寿命预测评估模型。

3.5.3　新型风力发电技术

新型风力发电技术的重点任务：研制成功高可靠性、低成本的大容量超导风力发电机；加快发展高空发电技术，掌握设计研发能力，开展样机示范；开展漂浮式海上风电机组的技术攻关和工程示范。

3.6　研发体系

总体来看，我国风电产业实现快速技术进步，与此同时，相比我国可开发的资源潜力，风能产业还有巨大的市场空间，未来将继续保持快速发展的态势。但仍然存在一些差距和制约行业发展的问题，如风电机组总体设计技术与国外相比仍存在差距，缺少自主知识产权的风电机组设计工具软件系统，核心控制策略也未能完全掌握；基础原材料自主研发、关键零部件创新能力薄弱，制造过程中的智能化加工和质量控制技术相对落后；风电设备质量参差不齐，可靠性较低，与国际先进水平还有较大差距；风电共性基础技术研发力量薄弱，资金投入有限，在资源特性、基础材料、关键工艺、核心部件和系统集成等领域纵深不足，共性基础技术成果社会转化无规划等问题突出，在基础理论、前沿技术、创新应用和人才培养方面缺乏公共服务平台支撑；弃风严重、显性成本较高造成的发展速度缓慢、风电场运营效率提升空间较大等问题。

所以，基于以上问题，亟须开展风电大型化、智能化、数字化等各方面的技术研究工作，推进风电技术向着信息化、集群化、高可靠性方向发展，并实现海上风电技术的突破。最终实现风电场实时数据监测、状态评估、运维管理、故障诊断与自动处置于一体的风电智能运维综合系统，保障风电集群化高效、安全、稳定运行，如图 3-12 所示。

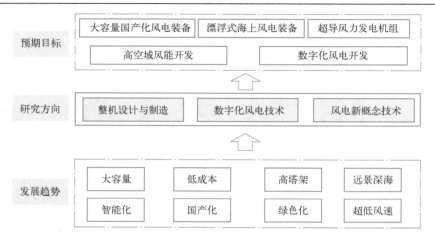

图 3-12　风力发电装备技术研发体系

未来研发的关键技术如下：

在风电机组整机设计与制造技术方面，突破大功率陆上/海上风电机组整机及关键部件的设计与优化技术，研制大功率海上风电机组控制系统与变流器；研究建立 100m 级叶片气动性能及可靠性试验评价技术、15MW 级风电机组传动链地面试验技术、海上风电试验检测技术。

在数字化风电技术方面，研发风电场站/集群智能化传感和实时运行状态监测及调度控制的监控系统；重点研发基于物联网、大数据和云计算的风电场全寿命周期设计、控制和运维关键技术，建立基于云计算平台的风电场设计、监测、诊断及运维大数据综合分析平台。主要包括：陆上不同类型风电场智能化运维关键技术，深海远海风电场建设选址、设计施工与运维技术，实现风电机组/场站智能化运维和故障诊断预警。

在新型风力发电技术方面，研制超导风力发电机组、高空风力发电机组以及漂浮式风电机组等新型风电装备。

3.7　发展路线图

2020 年前后，主要开展大型风电机组整机和关键零部件设计开发的集

中攻关工作，开展公共试验平台的开发建设工作，并开展数字化风电技术的
集中攻关工作，研究超导风电机组、高空风电机组等新型风力发电技术；
2021～2030 年，主要开展大型风电机组整机和关键零部件设计开发技术工
作，开展数字化风电技术的工程示范，实现超导风电机组、高空风电机组的
示范应用；2031～2050 年，主要开展大型风电机组整机和关键零部件设计
开发的商业化应用，开展数字化风电技术的推广应用，如图 3-13 所示。

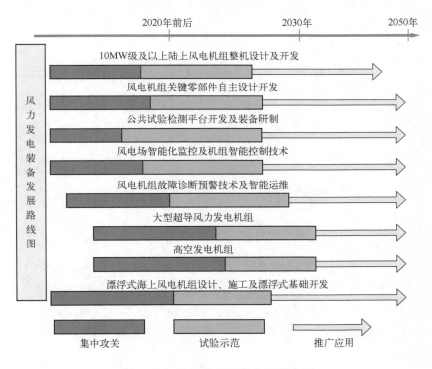

图 3-13　风力发电装备发展路线图

第4章　风电高效利用

风电高效利用技术是支撑风电安全运行、提高风电消纳能力的重要技术手段，目前重点关注的技术包括风电控制技术、优化调度技术和综合利用技术等。

4.1　国内外研究现状分析

4.1.1　风电控制技术

1. 电网友好型技术

在电网友好型技术开发方面，随着风电比例的不断上升，我国对风电机组的并网性能提出新的要求，包括风电调频/调压能力、故障穿越能力等。

（1）风电调频/调压技术

近年来，随着特高压电网的发展和新能源大规模持续并网，特高压交直流混联电网逐步形成，电网格局与电源结构发生重大改变，原有火电、水电调频能力不足，需要风电场具备调频/调压能力。

目前，大部分新能源电站已具备接受 AGC/AVC 统一调控的能力，但不具备根据机端频率和电压信号进行自主调节的能力，即惯量响应、一次调频和主动调压等主动支撑能力缺失。

电压幅值和频率下垂特性控制是实现电压和频率调节的一种控制方式。

比利时鲁汶大学提出了下垂特性的解耦控制方法，根据系统阻抗参数构建变换矩阵，对实际功率形式进行非奇异矩阵变换，使得到的功率形式满足近似解耦关系，实现有功对功角（$P\text{-}\varphi$）和无功对电压（$Q\text{-}E$）的下垂控制。浙江大学某学者认为各并联逆变器的系统阻抗（包括逆变器本身输出阻抗、线路阻抗等）呈纯感性，有功对功角（$P\text{-}\varphi$）和无功对电压（$Q\text{-}E$）具有近似解耦关系。然而，实际系统中特别是低电压场合，由于线路阻抗以阻性为主，逆变器的系统阻抗大多呈现阻感复阻抗的特性，功率耦合加强，使系统控制性能变差。另外一种研究思路是不改变功率表示形式，而是根据功率与功角和电压的关系直接改变下垂公式形式，在某种参数搭配下与前一种思路实际上是等效的。

随着我国西北电网新能源发电装机比例持续增加和大容量直流输电工程陆续投运，直流闭锁或功率骤降引发的系统频率稳定风险越来越大。为保障西北电网安全稳定运行，2016 年，西北能源监管局印发了《关于推进西北电网新能源场站快速频率响应工作的通知》，启动了新能源场站快速频率响应工作。选择了 10 家试点场站开展电网实际频率扰动试验、现场扰动实测等，验证了新能源机组具备参与电网快速频率响应的能力。

虚拟同步发电机技术是一种重要的风电场调频/调压技术方案，其通过在变换器控制环节中模拟同步机的运行机制，使新能源发电设备具备主动支撑电网能力，由"被动调节"转为"主动支撑"。1997 年，IEEE 工作组首先提出虚拟同步机的概念，随后国内外高校相继开展研究；2007 年，比利时鲁汶大学首次提出同步机外特性模拟，德国克劳斯塔尔工业大学提出基于锁相同步技术方案；2008 年，英国利物浦大学钟庆昌教授首次模拟同步机的电磁暂态特性，2013 年，中国电力科学研究院研制成功世界首套 50kW 虚拟同步发电机样机；2014 年，许继/南瑞集团研制成功 500kW 虚拟同步发电机样机；2016 年，国家电网公司研制出世界上首套 500kW 光伏虚拟同步机，并在张北风光储输示范工程成功并网，标志着虚拟同步发电机技术正式应用于实际工程。

风电机组调频/调压并网标准方面，2006 年 1 月 1 日，国家标准 GB/Z 19963—2005《风电场接入电力系统技术规定》实施，该标准参考了丹麦、德国、英国等国家有关风电场接入电力系统规定的行业或企业标准，考虑我国当时风电发展和电力系统实际情况，对风电场接入电力系统技术要求提出了一些原则性的规定，调频/调压性能未作要求。GB/T 19963—2011《风电场接入电力系统技术规定》对风电场有功、电压控制提出了技术要求和具体指标，要求风电场能够接收并自动执行电力系统调度机构下达的有功、无功功率控制指令，并且针对百万千瓦规模的大型风电基地提出了动态无功方面的相关要求。随着我国风电装机规模越来越大，电网格局与电源结构发生重大变化，现有技术标准已不能适应当前风电发展要求。同时，国内在风电机组调频、调压等方面已积累了资料和经验，取得了不少研究成果，并选取了部分风电场站开展了示范应用。在此背景下，2018 年，我国对 GB/T 19963—2011《风电场接入电力系统技术规定》进行修编，对部分技术指标提出了新的要求。修编稿增加了对风电场惯量响应、一次调频的要求。在惯量响应方面，当系统频率变化率大于死区范围（可根据电网实际情况确定，可设定为 0.05Hz/s，频率变化率采样周期宜不大于 200ms），且风电场有功出力大于 20%P_N 时，风电场应提供惯量响应，并且风电场有功功率变化量 ΔP 的最大值不低于 10%P_N，ΔP 响应时间不大于 1s，允许偏差不大于 ±2%P_N。在一次调频方面，当系统频率偏差大于死区范围[可根据电网实际情况确定，宜设定为±(0.03～0.1)Hz]，且风电场有功出力大于 20%P_N 时，风电场应具备参与电网一次调频能力。

国外许多风电并网导则中都要求风电场应具备降低有功出力和参与系统频率调节的能力，并规定了降低功率的范围和响应时间，以及参与频率调节的系统技术参数（频率死区、调频系数和响应时间等）。以德国并网导则的要求为例，当电网频率超过 50.2Hz 时，风电场应以至少 40%风电场当前出力/Hz 的速度快速降功率。若风电场降出力后电网频率恢复至 50.05Hz 及以下，则风电场可在电网频率不超过 50.2Hz 的前提下提升有功出力，风电场有功调整应通过各台风电机组实现，频率的控制精度不超过 0.1Hz。

（2）风电机组故障穿越技术

目前，有关风电场故障穿越能力的方法主要可分为两类：一是通过增加额外的硬件设备和装置，例如 SVG、储能装置、限流装置、直流电路中的 Chopper 电阻以及串联网侧变换器等，从而加快双馈机组的灭磁速度，提高其无功电流响应速度。但此类方法硬件改造成本高，且无法改变基于传统矢量控制的风电场外特性。另一类方法是通过优化风电机组本身的控制算法来优化系统的故障穿越性能。例如，在转子电流环中加入补偿项或者利用虚拟阻抗技术来加速定子磁链直流分量的衰减，从而提高无功电流的响应速度。但是在弱电网中由于阻抗比较大，定子电流的直流分量衰减本身就比强网中快。快速灭磁并非弱电网中故障穿越的核心需求，因此并不能明显加强系统的电压稳定性。

并网标准方面，2006 年 1 月 1 日实施的 GB/Z 19963—2005《风电场接入电力系统技术规定》对风电场故障穿越能力未作要求。GB/T 19963—2011《风电场接入电力系统技术规定》对风电场低电压穿越能力提出了技术要求和具体指标，要求风电场并网点电压跌至 20%标称电压时，风电场内的风电机组应保证不脱网连续运行 625ms，且风电场并网点电压在发生跌落后 2s 内能够恢复到标称电压的 90%，风电场内的风电机组应保证不脱网连续运行。2018 年，我国对国家标准 GB/T 19963—2011《风电场接入电力系统技术规定》进行修编。修编稿增加了对风电场高电压穿越能力、连续故障穿越能力的要求，并要求风电场故障穿越时应具备动态无功支撑能力和有功控制能力。高电压穿越能力方面，征求意见稿要求风电场并网点电压升高至 130%标称电压时，风电场内的风电机组应保证不脱网连续运行 500ms；风电场并网点电压在发生升高后 10s 内能够恢复到 110%标称电压以下时，风

电场内的风电机组应保证不脱网连续运行。连续故障穿越能力方面，修编稿
要求风电场自低电压阶段快速过渡至高电压阶段，风电场并网点电压在图
4-1 阴影所示轮廓线内，风电场内的风电机组应保证不脱网连续运行，且风
电场应能够至少承受连续两次如图 4-1 所示的风电场低-高电压故障穿越。

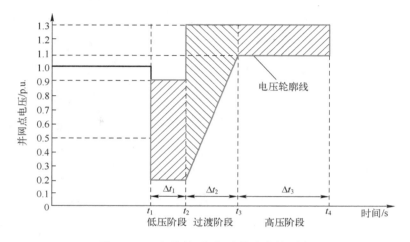

图 4-1　风电场低-高电压故障穿越要求

国外对风电机组的故障穿越性能已有相关标准提出要求。在低电压穿越
方面，德国并网导则中低电压穿越要求的最低电压幅值为零，且低电压穿越
过程中要求提供与跌落成比例的无功电流。在高电压穿越方面，丹麦
（Ehra&Elkraft）并网导则中高电压穿越能力要求电压上限为 1.2p.u.，维持
并网运行时间为 200ms；电压骤升幅值为 1.1p.u.时要求不脱网连续运行。苏
格兰（the Scottish Power）并网导则中高电压穿越能力要求：电网电压骤升
至 1.2p.u.时，风电机组应维持 15min 不脱网运行；电压骤升至 1.1p.u.时风
电机组应不脱网连续运行。美国 WECC 并网导则中规定：电网电压骤升的
幅值最高为 1.2p.u.；电压骤升至 1.175p.u.时，应维持 1s 不脱网运行；当电
压骤升至 1.15p.u.时，风电机组保持 2s 不脱网运行。澳大利亚并网导则中要
求当电网电压骤升至 1.3p.u.时，风电机组应维持 60ms 不脱网运行，并提供
足够的故障恢复电流。

低电压穿越故障脱网方面，2010～2011 年，我国甘肃、冀北、吉林等地区由于风电机组不具备低电压穿越能力而导致大规模脱网的事故频发，为确保风电并网安全，按照国家能源局等有关部门的要求，并网运行的风电机组应具备低电压穿越能力，技术要求按 GB/T 19963—2011 的规定执行。经过多年的持续改造，目前我国绝大部分并网运行的风电机组已具备低电压穿越能力，近几年来未发生不具备低电压穿越能力而引发的大规模风电机组脱网事故。

高电压穿越故障脱网方面，特高压直流换相失败期间会在送端近区产生 1.3p.u.左右的暂态过电压，而目前我国绝大部分并网运行的风电机组耐压保护限值为 1.1p.u.，在特高压直流故障引起的暂态过电压期间存在大规模脱网的风险，严重影响特高压直流稳定运行，制约特高压直流外送新能源有效输电能力。为确保"三北"地区新能源的有效消纳，需要对鲁固、祁绍、天中等特高压直流近区风电场的高电压穿越能力进行改造，将风电机组的暂态过电压耐压水平提升至 1.3p.u.，不脱网连续运行 500ms，并具备要求的故障电压穿越能力。截至 2019 年第三季度，已完成鲁固、祁绍、天中等特高压直流近区 2700 万 kW 风电场的高穿改造工作，提升鲁固、祁韶、天中直流新能源外送能力约 400 万 kW 以上，实现了近区风电送出和特高压直流输电能力双提升。

2. 风电集群控制

国内开展新能源发电监控技术研究相对比较晚，但是近几年有了较大的发展。在风电监控技术方面，国内很多科研机构积极开展了很多研究工作。中国电力科学研究院研制了以公共连接点电压稳定为目标的风电场电压无功综合控制系统，在上海奉贤海湾风电场二期进行了现场试验；研制了风电场有功协调控制系统，已成功应用于甘肃嘉酒电网，为该地区电网调度部门对风电的管理和控制、风电利用率的提高具有显著意义。国内电力研究机构在 IEC 61850 的基础上，开展了基于 IEC 61400-25 的风电场综合监控技术研究，并基于成熟的变电站自动化系统平台技术，开发了可扩展性较强的风电场综合监控系统平台，从电网调度运行的角度，设计了具有风电场生产运行统计、功率控制等多项高级应用功能的接口。此外，国内主要风电机组制造商如华锐、金风等也具有独立开发风电监控软件的能力。目前，国内各风电场不同厂家风电控制系统技术水平参差不齐，接口不规范，在线控制调节响应迟缓，不能对风电进行有效管理和控制。

大型新能源电站有功控制技术方面，国内高校针对含大型风电场的弱同步电网频率稳定问题，提出了基于模型预测控制（MPC）技术的风电机组多模型预测控制（MMPC）调频控制策略。在无功控制技术方面，部分高校提出了风电场集中接入点无功电压协调控制策略以及风电场群和区域电网无功电压协调控制与紧急控制相结合的综合控制策略。

国外由于新能源开发起步早，在新能源发电监控技术研究方面起步也早。早期风电机组通常以恒定功率因数为 1 运行，随着电网中风电所占比重的加大，这种控制方式已无法满足电网安全稳定运行的需求，应尽可能使风电场像常规电厂一样具备有功控制、无功调节、电压控制等功能，成为风电控制系统的发展方向之一。

此外，风电场一般采用分期建设，不同时期通常由不同的风电机组制造商来建立风电控制系统，这就造成了一个风电场内存在多套异构的风电控制系统。美国 GE 研发的 WindCONTROL 控制管理系统是目前相对成熟的一种风电场控制系统。在风电场无功功率控制方面，该系统通过控制风电场内风电机组的无功功率并协调其他无功设备，能够有效地调节风电场公共连接点的电压和无功功率，甚至在风电机组出力为 0 时，也能够使风电场具备无功调节能力，有益于维持电网的电压稳定。在风电场有功功率控制方面，该系统通过控制风电机组的桨距角，避免由于风速快速变化引起的有功功率快速变化，有助于电网对风电的调度和管理，使风电成为一种对电网友好的电源。当电网频率过高时，该系统能够快速调节风电场有功功率，参与系统调频，有助于维持系统稳定。另外，如丹麦 Risϕ国家实验室的 CleverFarm 系统、GH 公司的 GH SCADA 系统等均已投入商用。作为风电场控制系统的载体，这些系统除具有完成传统的数据采集、分析、展示的功能外，还在功能上集成了风电场安全控制、无功电压优化控制、风电场优化运行等高级控制功能。

4.1.2　风电优化调度技术

1．风电在线优化调度

电网优化调度运行是实现新能源高效消纳的重要保障。我国实行可再生能源全额保障性收购政策。电力调度机构按照调度分工，实行分级管理、统一调度，优先调度新能源发电。其中，国调和区调（国调分调）负责将汇集进入骨干电网的新能源电力在更大范围内优化配置；省、地、县负责新能源电力在本地的优化配置，如图 4-2 所示。

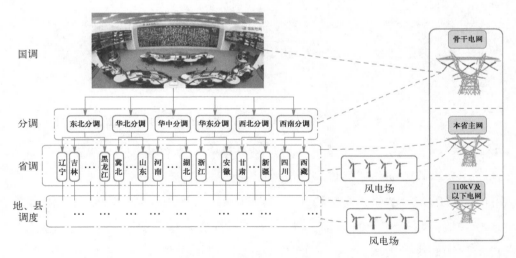

图 4-2　新能源优化调度体系

加强各调度运行环节协调，将新能源发电优先纳入年、月、周、日前运行计划，在保障电网运行安全前提下，优化设备检修安排和常规电源开机方式，优先消纳新能源。在日内实时运行中，根据风电、光伏发电超短期预测结果，滚动调整各类电源出力，尽最大能力消纳新能源。

新能源多时间尺度优先调度流程如图 4-3 所示。预估年度、月度新能源接纳能力，优化年运行方式、月计划安排，优先考虑新能源发电运行；按周经济运行成本与弃风电量最小原则，滚动优化机组起停计划，为新能源消纳预留空间；评估日前新能源最大接纳能力，优化常规电源日发电计划曲线，保证新能源最大消纳空间；评估与滚动修正新能源最大接纳能力，实时调整各类型发电机组功率，在保障电网安全稳定运行的前提下，最大程度接纳新能源。

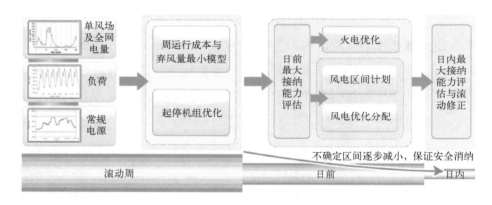

图 4-3　新能源优先调度流程

风电优化调度方面，采用的主要调度模型和方法包括：考虑 AGC 备用的优化调度方法、考虑风电接入系统的旋转备用容量优化调度方法和以风险概率为约束的新能源随机优化调度等。

中国电力科学研究院提出了以多时间尺度预测为基础的新能源优化调度运行方法，攻克了新能源年、月、日前/日内滚动优化调度技术，提出了随机优化模型快速求解方法，实现了新能源在线优化调度。在此基础上，建成了集新能源场站信息接入、发电功率预测、调度计划编制、功率自动控制和评价于一体的新能源调度技术支持系统，如图 4-4 所示。该系统提前三天预测发电功率，将新能源优先纳入调度计划，加强新能源信息监测和发电控制，持续提高新能源调度水平。该系统已应用于国家电力调度控制中心和26 个省级电力调度控制中心，覆盖新能源装机容量超过 2 亿 kW。

丹麦、德国、西班牙和美国是世界风电开发较早的国家，在风电开发和调度运行管理等方面取得了较多经验。德国、西班牙和美国的电源结构中油气机组和抽水蓄能电站占较大比例。丹麦不仅本国电网结构坚强，而且与挪威、瑞典、芬兰、德国等周边国家通过大容量的跨国联络线实现互联，使得丹麦风电可以在更大范围内进行消纳。德国处于欧洲电网的中心位置，与周边国家电力交换频繁。西班牙虽然跨国电网联系较弱，但其国内各区域之间通过 400kV 骨干网架实现互联，跨区电力交换能力较强。

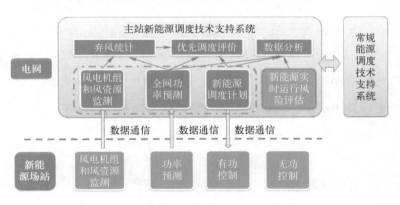

图 4-4 新能源调度技术支持系统

在风电调度管理方面，丹麦等四国无一例外均强调电力市场机制本身的调节作用。在这方面丹麦受益于发达的北欧电力市场，而德国也受益于欧洲大陆电网的整体互联及其邻国的水电和抽水蓄能电站。西班牙通过其本身相当比例的水电和联合循环等快速调节机组应对大规模风电的波动，并且还要求在电网调峰困难时，风电场要根据调度指令参与系统调峰。西班牙电网可在系统紧急情况下（系统过频、线路过载和潜在的系统稳定危险等）限风电出力并且不给予补偿。

2. 含风电电力系统生产模拟技术

电力系统是一个实时平衡的动态系统，发、输、配、用电瞬时完成，生产模拟技术主要用于电力系统稳态的电力电量平衡分析。最初，生产模拟主要用来在计算机上模拟电力系统的发电调度，预测各发电机组的发电量及燃料消耗量，并进行成本分析，因此生产模拟程序也叫发电成本程序。随着世界性能源问题的出现及电力系统一次能源结构的复杂化，各类型发电机组在系统中的有效配合以及降低燃料消耗成为电力系统运行和电源规划的重要问题，因此对生产模拟提出了更高的要求。电力系统生产模拟发展至今，已成为评价电力系统运行技术经济指标和分析生产成本、计算机组利用小时数、制定燃料计划的主要技术，是电力系统运行和规划的重要组成部分。

按算法考虑因素的不同，生产模拟可分为时序生产模拟和随机生产模拟。时序生产模拟以负荷、新能源发电出力时间序列为基础进行逐时段电力平衡仿真；随机生产模拟则以持续负荷曲线为基础，考虑常规发电机组的随机停运、负荷和新能源发电出力的波动性和随机性等随机因素，进行仿真计算。

电力系统生产模拟作为电力系统规划与运行的基础，长期以来，人们对其给予了充分的重视与研究。生产模拟技术于 20 世纪 70 年代开始发展，欧美等发达国家在电力系统优化规划的理论与运用方面取得长足进展，就新能源并网运行、新能源参与电力市场交易开展了建模仿真，并研发了相关的仿真工具，由于欧美等发达国家已基本建立完善的电力市场体系，软件优化目标为系统经济性最优。开发的生产模拟仿真软件包括：MAPS、BALMOREL、EnergyPLAN、WILMAR Planning Tool 和 LPSP_ProS 2010 等，见表 4-1。其中，MAPS（Multi-Area Production Simulation Software）是 GE 公司开发的多区域生产模拟仿真软件，主要用于美国独立系统运营商、公用事业单位开展相关分析；BALMOREL 是由波罗的海地区的电网运营商、高校和研究机构联合开发的，该模型是一个基于线性混合整数规划的数学模型，以发电成本、供热成本、输电成本、新增发输容量的投资费用以及 SO_2、CO_2 等气体排放费用的综合经济性最优为目标，建立的方程满足电量/供热量平衡、各类型发电机组特性约束、输电容量约束以及 SO_2 与 CO_2 排放约束、风电消纳目标约束等条件，进行小时级的电力系统生产模拟，特别适用于风电和热电联产比重较大的系统，可用于新能源参与电力市场的相关分析，在欧洲地区得到了普遍应用。

表 4-1　国内外含新能源电力系统生产模拟软件对比

序号	软件名称	研发机构	研发时间	仿真对象	优化目标	仿真时间长度	计算步长	软件培训所需时间
1	MAPS	通用电气（GE）	1970	电力系统	经济性最优	1 年	1 小时	7 天
2	BALMOREL	波罗的海地区发电运营商、高校及研究机构联合开发	2000	电力系统部分热力系统	经济性最优	无限制	1 小时	7 天
3	Energy-PLAN	丹麦奥尔堡大学	1999	电力系统热力系统运输系统	经济性最优	最多50 年	1 小时	1 个月
4	WILMAR Planning Tool	丹麦里索可持续能源国家重点实验室	2006	电力系统部分热力系统部分运输系统	经济性最优	1 年	1 小时	2～3 个月
5	LPSP_ProS 2010	中国电力工程顾问集团公司、华中科技大学和北京洛斯达公司联合开发	2000	电力系统	经济性最优	1 年	1 小时	
6	REPS	中国电力科学研究院	2011	电力系统	风电、光伏发电最大/经济性最优	3 个月～1 年	15 分钟/1 小时	3 天

由于国内未建立完善的电力市场体系，风电主要依靠保障性收购机制，均将风电、光伏发电作为优先发电序位，因此，国内含风电电力系统生产模拟均以新能源发电量最大或系统经济性最优为目标。20 世纪 80 年代，中国电力科学研究院周孝信院士等开展了互联电力系统的生产模拟研究，使用线性规划算法针对电力系统开展时序生产模拟，优化计算了由若干子系统组成

的互联系统的开机安排、机组的经济负荷分配和联络线容量的确定，并针对三峡电站投运后 2000 年华中、华东电力系统联网效益，联络线输送容量进行了测算。中国电力工程顾问集团公司、华中科技大学和北京洛斯达公司联合开发了电力系统运行模拟优化软件：LPSP_ProS 2010 （Large-Scale Power System Planning Soft - Package - Power System Production Simulation Optimization 2010），可用于经济调度方面相关研究；中国电力科学研究院以风电、光伏发电出力以及负荷的长时间序列建模为基础，开发了新能源电力系统生产模拟软件：REPS（Renewable Energy Production Simulation System），可进行时序和随机生产模拟，该软件考虑风电、光伏的出力不确定性，仿真分析系统的新能源消纳能力和各电源运行方式，为新能源装机优化布局、制定年度电量计划提供支撑。

3. 风电基地接入电网调峰策略

随着大型风电基地的建设，特高压远距离输送成为解决新能源消纳的重要方式，特高压交直流送端电网调峰问题日渐突出，电网调峰策略研究成为一个重点研究的方向。

国内研究机构针对酒泉高比例新能源基地特高压交直流送端电网调峰难题，从考虑配套调峰电源调节能力和其他电源空间分布约束的多源协调调峰策略、考虑电网输送能力和安全稳定约束的送端电网源网协调调峰策略研究以及高比例可再生能源基地特高压交直流送端电网调峰控制技术三个方面开展深入研究，突破了多时间尺度下的多源协调调峰策略、群间及群内协调调峰策略、送端电网源网协调调峰策略及调峰控制系统研制等系列技术挑战，提出了基于电源空间分布与调节能力的多时间尺度多源协调调峰与优化策略、基于聚合分群及聚合群调峰潜力评估方法的群间及群内协调调峰两级滚动调峰模式、适于典型场景可再生能源输送能力分析和计及电网安全稳定约束的送端电网源网协调调峰策略，以及计及特高压交直流输电系统调制能力的送端电网跨省跨区有功功率联合实时优化控制方法，并在研究的基础上基于分级控制体系开发了高比例可再生能源基地特高压交直流送端电网调峰控制系统。该系统已经在甘肃酒泉新能源基地进行示范应用，有效挖掘了甘肃交直流混合大电网调峰潜力，提高了酒泉大规模新能源基地源源、网源协调控制水平，增强了酒泉高比例新能源地区调峰能力，显著提高了甘肃电网的新能源消纳能力。

国外，类似"三北"地区的大规模风电基地建设较少，以就地消纳为主，大规模远距离输送为辅，而且电力市场相对完善，电网调峰问题并不突出。

4. 适应电力市场的风电优先交易技术

随着新能源比例的提高，我国部分地区的弃风、弃光难以完全解决，新能源消纳问题成为困扰我国新能源发展的关键问题。我国正处于电力市场化改革初期，电力现货市场处于试点阶段，尚未建立完善的电力现货交易机制，受电源调节能力、电网外送能力不足等因素影响，加之当前以中长期为主的电量交易机制不能体现弃风/光时段内新能源发电的边际成本优势。发挥新能源成本优势，利用市场化手段消纳新能源在国际上已成为共识。为此，研究市场环境下新能源参与日前和实时市场的交易模式，以及新能源电量的交易技术和评价方法成为研究的一个热点。

国内研究机构针对我国电力市场建立过程中面临的诸多问题开展研究，分析了我国清洁能源的交易机制，研究完全电力市场下新能源参与日前和实时市场模式，基于国内外新能源参与市场交易典型案例研究方法，提出了我国电力市场建设过程中可促进新能源消纳的电力市场交易机制以及新能源优先交易策略，为能源主管部门建立完善的电力市场提供技术支撑。在目前初期电力市场环境下，根据现行相关政策和技术条件，研究电力市场初期新能源弃风/光电量实时交易技术和结果评价方法，基于多区时空协调的市场机制，提出考虑风险约束和协调多个市场的发电商序贯交易策略，实现在可接受的风险水平下优化发电商利润，并为新能源消纳提供充足的系统灵活度。

基于时序生产模拟仿真方法，建立了考虑系统运行约束和经济性的新能源弃风/光市场化交易模型，实现对弃风/光场景下新能源参与市场交易的技术和经济可行性计算。并在上述研究的基础上，研发了弃风/光场景下新能源发电实时交易系统和弃风/光电量交易生产模拟仿真系统，并在辽宁和新疆电网进行示范应用，实现了新能源弃风/光电量的实时交易，为新能源报价提供参考，有效促进电力市场环境下新能源的优先消纳。

欧美电力市场启动比较早，经过二十多年的发展，包含风电在内的新能源参与电力市场的交易机制已经比较完善。国外新能源参与电力市场，主要有以下三种模式：①基于固定上网电价，新能源不直接参与电力市场的模式，电网企业必须按照政府规定的固定上网电价向新能源发电企业支付费用，超过电网平均上网电价部分由国家补贴，新能源完全不参与市场竞争；②新能源带补贴直接参与电力市场的模式，新能源发电商需要在现货市场直接出售电力，除了可以获得现货市场收入外，还将额外获得一定的"市场溢价"补贴；③新能源不带补贴直接参与电力市场的模式，新能源发电商通过电力市场出售电力获得收益，其收益完全取决于市场价格，并需要承担类似于常规电源的电力系统平衡义务。德国新能源参与市场交易主要有基于固定上网电价的电网消纳新能源模式和新能源带补贴参与电力市场竞价交易两种模式。西班牙全部新能源都要参加市场竞争，参与电力交易完全遵守市场规则。丹麦新能源以带补贴的方式，直接参与电力市场。丹麦新能源主要参与日前市场，在日前市场，新能源能够充分发挥其边际成本低的优势。同时，丹麦风电也可以通过提供下调备用服务参与备用调节市场。美国大部分州在可再生能源配额制的激励下，采用新能源完全自由参与市场模式，新能源发电直接参与电力市场，且承担类似于常规电源的电力系统平衡义务，没有额外的补贴。

目前我国新能源实行基于固定上网电价和保障性收购小时数的全额保障性收购制度。其中，风电、光伏标杆电价与各地煤电标杆电价（含环保电价）之差由政府提供电价补贴，补贴资金通过在销售电价中征收可再生能源电价附加实现分摊。2016 年 3 月，国家发展改革委颁布了《可再生能源发电全额保障性收购管理办法》，明确风电、光伏发电等年发电量分为保障性收购电量部分和市场交易电量部分，保障性收购电量部分通过优先安排年度发电计划保障全额按标杆上网电价收购；市场交易电量部分通过参与市场竞争方式获得发电合同，电网企业按照优先调度原则执行发电合同。同时为缓解弃风限电情况，各地组织探索了包括中长期交易和短期交易在内的新能源市场化交易方式，包括跨省跨区中长期电力直接交易、风电清洁供暖和跨区域省间富余可再生能源现货交易等方式。2016 年 3 月 1 日，北京电力交易中心组织完成了银东直流省间电力直接交易；2016 年 11 月，甘肃瓜州 12 家新能源企业参与进行了冬季供暖直接交易；2017 年 8 月，北京电力交易中心启动弃风、弃光电能跨区域省间现货交易试点。

基于固定上网电价的保障性收购制度在可再生能源市场发展初期，极大地促进了清洁能源产业的发展，与此同时也带来了一些问题。一是基于固定上网电价的保障性收购制度在可再生能源市场发展初期极大地促进了清洁能源产业的发展，新能源装机规模的不断扩大，电网消纳压力持续增加，新能源限电问题突出；二是相比清洁能源装机规模，全社会用电量增速减缓，补贴资金缺口不断增加。虽然我国可再生能源电价附加标准从最初的每千瓦时0.1 分钱提高至 1.9 分钱，但始终没有满足可再生能源发展需求。截至 2018 年年底，我国可再生能源发电产业累计补贴资金缺口已超 1300 亿元。未来，通过上调可再生能源电价附加来满足补贴资金需求的难度越来越大。随着可再生能源技术与规模不断发展以及未来电力市场建设持续推进，未来需要探索清洁能源消纳的政策与机制创新。

5. 基于大数据的风电消纳预警技术

新能源消纳是近年来国家关注的重点，为促进新能源消纳，国家出台了多项政策。2016 年，国家能源局发文建立风电投资监测预警机制，以促进风电产业持续健康发展。预警程度由高到低分为红色、橙色和绿色三个等级，其中与风电消纳有关的弃风率和年利用小时数是两个重要评价指标，并从 2017 年开始逐年发布《全国风电投资监测预警结果》，指导下一年的风电开发规划。2018 年，国家发展改革委和国家能源局联合印发了《清洁能源消纳行动计划（2018—2020 年）》，提出了重点地区清洁能源消纳目标，逐年发布各省区的消纳责任指标。为帮助管理部门合理制订消纳指标，以及地方和电网公司提前预估指标完成情况和寻找促进风电等新能源消纳的措施，新能源消纳评估和预警技术成为研究热点。新能源消纳与电网负荷、电源调节能力、联络线输送能力、新能源特性等多个因素相关，涉及大量数据，大数据技术的成熟和广泛应用为新能源消纳预警提供了新的手段。

国内研究机构在促进新能源消纳的大数据平台研发与数据挖掘应用方面开展了大量研究。针对目前新能源基础数据质量较差的现状，提出了基于大数据分析的数据在线修复技术，建立基本可用的新能源基础数据集，并以此为基础挖掘省级电网发电特性的统计规律，建立更加科学的弃电计算模型；进而，基于海量气象数据、新能源发电出力数据和电网调控运行数据，研究了筛选与弃风/弃光场景高度关联运行变量的特征选择方法，基于数据挖掘方法和相关性分析方法建立了关键运行变量与新能源弃风/弃光的关联模式，构建了电网安全约束与新能源弃风/弃光的关联关系模型，挖掘弃风/弃光产生的因素，揭示了电网运行约束对于新能源消纳影响；基于海量历史运行数据和仿真计算数据，构建了弃风/弃光的案例库，并研究了多时空尺度、多属性维度的新能源消纳程度量化指标；基于关键运行变量与弃风/弃光的关联模式和指标特征，提出了影响新能源消纳的多重复合风险指标的量化方法，构建了新能源消纳风险预警指标，为新能源消纳风险事前预警提供技术支撑；在新能源消纳能力影响因素选择分析上，充分考虑了网-源-荷三方面各种因素对新能源消纳能力的影响，利用主成分分析方法选择合适输入变量，降低了数据维

度，提升了效率；根据大量新能源消纳场景，建立了基于深度学习的多
场景新能源消纳评估体系模型，为电网提高新能源消纳能力的决策提供
依据。

4.1.3　风电综合利用技术

1. 需求侧响应

需求侧响应（Demand-side Response，DR）也可称为负荷或峰值转移，
但更加准确的定义是指通过激励策略实现负荷转移，它为传统的基于发电侧
的电力运营提供了另一种解决方案。需求侧响应能够为电力运营商提供更加
灵活和自然分布的资源，从而减少为满足峰值负荷容量而必需的投资。DR
作为一类市场化运作手段，通过鼓励电力用户主动改变自身用电行为，达到
与供应侧资源相同的效果。作为虚拟的可控资源，DR 可与多种发电类型结
合，有效克服因新能源发电随机性及其与用电活动的时间不匹配性对电力系
统运行造成的不利影响。

风电制氢和供热是目前适应风电大规模发展的需求侧响应重要研究方向。

（1）风电制氢

目前，电解水制氢主要有碱性电解水制氢、固体聚合物电解水制氢和高
温固体氧化物电解水制氢。其中碱性电解水制氢是当今最成熟的制氢技术，
目前工业上大规模电解水制氢基本上都是采用该电解制氢技术；固体聚合物
电解水制氢具有适宜于变工况运行及频繁启停操作、体积小、质量轻及模块
化操作等特点；高温固体氧化物电解水制氢在高温下电解水蒸气制氢，从热
力学方面，较大程度地降低了电解过程的电能需求，从动力学方面，显著地
降低电极极化，减少了极化能量损失，电解效率高达 90%以上。综合来
看，风力发电系统的电解水制氢技术宜采用碱性电解水制氢技术，风电制氢
原理示意图如图 4-5 所示。

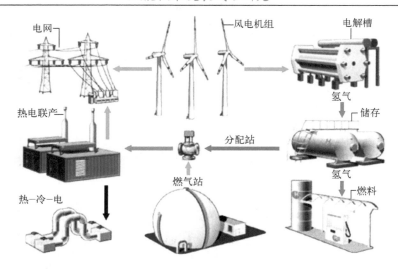

图 4-5　风电制氢原理示意图

　　2018 年 10 月，国家发展和改革委员会、国家能源局印发《清洁能源消纳行动计划（2018—2020 年）》。文件提出"探索可再生能源富余电力转化为热能、冷能、氢能，实现可再生能源多途径就近高效利用"。按照当前国内各省份的风电发电量并结合弃风和消纳情况，可直接制取 55 万 t 氢气。

　　自 2009 年开始，国家电网已经率先开展风电/光伏发电海水制氢技术前期研究和氢储能关键技术及其在新能源接入中的应用研究。2013 年，河北建投集团与德国迈克菲能源公司和欧洲安能公司就共同投资建设国内首个风电制氢示范项目签署合作意向书，标志着我国风电制氢产业开始起步。该项目包括 200MW 风力发电部分、10MW 电解水制氢系统以及氢气综合利用系统三个部分。其每年可制氢 1752 万标准 m^3 的生产能力，不仅对提升坝上地区风电消纳能力具有重要意义，也将为张家口市探索出一条风电本地消纳的新途径。2014 年至今，中节能环保集团有限公司（以下简称中节能集团）、河北建投投资集团有限责任公司（以下简称河北建投）、国家电力投资集团有限公司（以下简称国家电投集团）和国家能源集团相继启动了风电制氢项目，见表 4-2，但受制于国内制氢场地需建设在化工园区以及发电过网等因素，风电制氢仅停留在示范阶段（规模最大为 10MW），审批政策以及经济性均面临较大挑战。

表 4-2　风电制氢项目统计表

时间/年	运营方	项目名称	项目状态
2009	国网上海公司	风光电结合海水制氢技术前期研究	结题
2014	中节能集团	风电直接制氢及燃料电池发电系统技术研究与示范	示范运行
2015	河北建投	河北沽源县中德风电制氢合作示范	在建
2018	国家电投集团	辽宁省朝阳市风电制氢-氢储能-综合利用科技示范	在建
2019	国家能源集团	大规模风/光互补制氢关键技术研究及示范	在研

对于风电制氢的经济性问题，业内人士对该问题的观点分歧仍较大。风电制氢初衷是为了通过就近消纳解决已有风电项目的弃风限电问题，但如果一些项目为制氢专门再建设风电场，其经济性是否划算值得商榷。即使是利用弃风电量制氢，衡量其经济性也要看距离氢应用市场的远近。如在风电场附近地区有氢气的工业需求，则在目前的氢气市场价格条件下，可以进行合适的风电制氢方案的详细可行性研究。如果风电场和工业应用的氢市场有一定的距离，则采用在氢市场端制氢、风电直供方式的经济性，优于在风电场端制氢再用管道或者专用车辆运输方式的经济性。而在没有合适的氢市场需求的情况下，将风电制氢接入天然气管网，需要多方面的优惠政策同时实施，才能使项目有经济性。

也有研究认为，风电制氢的经济性要从多角度、整体性和长远利益来考量。目前，表面上看干气制氢成本要低于电解制氢，但考虑到风电价格进一步下降、风电制氢成本不会像干气随原油的价格而上涨，再加上干气集约化利用并带动液化气的集约化利用，风电制氢未来仍有广阔前景。

目前，许多发达国家和发展中国家都制订了氢能发展战略和详细计划。

早在 2014 年 4 月制定的"第四次能源基本计划"中，日本政府就明确提出了加速建设和发展"氢能社会"的战略方向。所谓"氢能社会"是指将氢能广泛应用于社会日常生活和经济产业活动之中，与电力、热力共同构成二次能源的三大支柱。据此，2014 年 6 月，日本经济产业省制定了"氢能与燃料电池战略路线图"，提出了实现"氢能社会"目标分三步走的发展路线图：到 2025 年要加速推广和普及氢能利用的市场；到 2030 年要建立大规模氢能供给体系并实现氢燃料发电；到 2040 年要完成零碳氢燃料供给体系建设。2005 年，美国能源署对新能源展望的研究中提出利用风力发电水电解制氢，把氢气直接供应给氢燃料电动汽车，并提出了两种风电制氢方案：一种是依靠电网设施集中地把风力发电制氢并存储，用管道或罐车将氢气运送到各个加氢站；另一种是依据加气站的自然条件和市场需求，直接在风力发电制氢厂附近修建加氢站。德国在"德国氢和燃料电池技术创新计划"的"氢的生产和配送"部分中明确：将利用可再生能源大规模制氢，并将氢气加入天然气管道中形成含氢的能源输送管道。德国东北部的 ENERTRAG 综合发电厂是德国首座风能、氢能、生物质能和太阳能混合能源发电厂，实现可再生能源利用转化即风力发电制氢路线的典型示范工厂。于特西拉岛位于挪威西部海岸 18km 处，挪威利用岛上极好的风力条件建设了世界上第一座风力-氢发电站，于特西拉风力-氢发电站工作情况：风速正常时，风力发电为家庭和电解槽生产足够的电力，同时电解槽利用电力生产氢气，把氢加压并储存在压力容器中；当风速过小时，风力发电机不能正常运行，此时把储存起来的氢气通过氢 ICE 发电机和燃料电池转换成电能，以满足岛上正常生活的需求。

（2）风电供热

为解决负荷低谷时段"弃风限电"问题，国家能源局综合司于 2015 年发布国能综新能[2015]306 号文件《关于开展风电清洁供暖工作的通知》，至此，风电供暖这一新的环保理念走向前台。风电清洁供暖对提高北方风能资源丰富地区消纳风电能力，缓解北方地区冬季供暖期电力负荷低谷时段风电并网运行困难，促进城镇能源利用清洁化，减少化石能源低效燃烧带来的环境污染，改善北方地区冬季大气环境质量意义重大，风电供热系统示意图如图 4-6 所示。

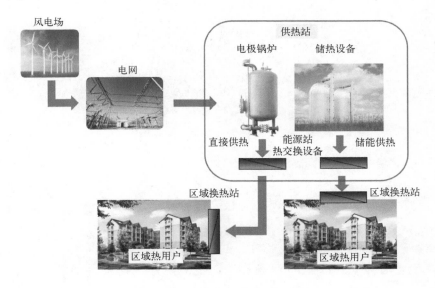

图 4-6　风电供热系统示意图

考虑风电消纳的热-电联合运行监控系统研发方面，国内已有一些实际应用的软件系统，例如，吉林电网供热机组在线实时监测系统、江苏电网供热机组可调出力监测系统等。然而，国内热-电联合运行监控软件的开发和应用还处于初级阶段，大多数监控系统还处于开发研究和试验阶段。

在热-电协调优化与调度策略研究方面，国内已经开展了弃风供热项目试点。但现有电采暖运行模式未考虑协调优化和调度控制，电采暖锅炉采用负荷低谷时段蓄热，然后持续释热，并与绑定风电场进行电量补贴交易。图 4-7 显示了因火电最小技术出力受限造成的弃风。火电机组为满足最大负荷和一定备用要求制定开机方式，而在负荷低谷时段，火电机组必须下调其出力满足负荷要求；当风电加入后，火电机组需要进一步下调出力为风

电留出空间，但火电机组特别是热电机组最小技术出力通常较高，无法为风
电预留空间，因而造成弃风。

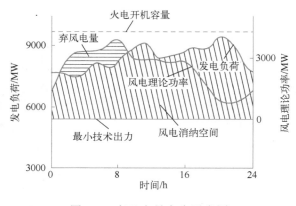

图 4-7 弃风电量产生示意图

2. 多能互补

多能互补是按照不同资源条件和用能对象，采取多种能源相互补充，以缓解能源供需矛盾，合理保护和利用自然资源，同时获得较好的环境效益的用能方式。风光互补系统示意图如图 4-8 所示。风光水气火储等不同电源具有时空互补特性，多能互补是提高可再生能源消纳能力的重要手段。

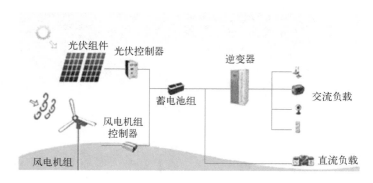

图 4-8 风光互补系统示意图

　　为解决风电出力的波动性和随机性对电网稳定运行带来的影响，在我国西北、华北、东北等内陆风区，对风能和水能资源进行合理的规划和统计，选择合理的配备容量，就可以实现风能与水能的互补，充分发挥两种能源的优势，克服风电供应的间歇性和不稳定性，避免水能在枯水期满足不了系统供电需求的问题，也可以节省风电和水电单独运行建设系统送出工程的投资。在我国很多地区太阳能和风能具有天然互补性，采用风光互补发电系统，可以减小风电出力波动性，大大提高系统技术性和经济性。另外风电还可与其他多种电源类型组成微电网，以保证对负荷的可靠供电。目前在我国含风力发电的互补发电系统中应用较多的是风水互补发电和风光互补发电，另外我国东北地区也做过风光打捆的可行性研究。据有关资料报道，目前运行的互补发电系统有青藏地区可再生能源独立供电系统、西藏那曲市离格村风光互补发电站、用于气象站的风能太阳能混合发电站、太阳能风能无线电话离转台电源系统、内蒙古微型风光互补发电系统，以及一些含分布式风电的微电网工程等。

　　国外在 20 世纪 80 年代开始了风光综合利用的研究。1981 年，丹麦科学家首次提出了将风能和太阳能结合应用的初始问题，当时系统非常简单，只是由风电机组和光伏电池组件拼装而成，随后美国、加拿大、西班牙、澳大利亚等国家在该领域进行了大量研究，并取得了一定成果。近几年随着风光互补发电系统应用范围的不断扩大、经济性要求的提高，国外相继开发出一些模拟风力、光伏及其互补发电系统性能的大型工具软件包。通过模拟不同系统配置的性能和供电成本可以得出最佳的系统配置。国外对风水联合建设的研究较早，目前国外学者已经有比较多针对性的研究，一是重视风水联合系统的不同运行方式，为风水实际联合运行提供参考；二是对风水联合运行的优化模型进行研究，优化风电最大化利用时水电站最优装机容量和单位上网电价成本；三是关注风水联合系统减少风电场弃风电量的研究，联合系统不仅能降低风电出力随机性，还具有可观的经济效益。

3．分布式利用

分布式开发利用是风电除大规模集中开发远距离外送消纳外的另一种形式。一般通过 35kV 及以下电压等级接入电网，位于用户附近，以就地消纳为主，并采用多点接入，统一监控的并网方式。国内风电分布式开发利用尚处于示范应用阶段，落后于国外风电大国。目前已建成示范工程，但大多沿袭集中式风电场开发经验或没有充分考虑当地配电网承载能力，带来了投资较高、影响电网和用户供电质量等问题。

微电网是分布式风电应用的有效形式之一，微电网技术的研究得到了国家的高度重视。2008 年，国家科技部通过"973 计划"项目专门资助了分布式发电供能系统的相关基础研究，重点解决微网发展过程中所遇到的一系列关键技术问题。国家"863 计划"项目也支持了多个项目，其内容涉及微网控制策略、能量管理、储能和示范工程建设等多个方面。到目前为止，国内的高校、相关科研机构及企业对微电网相关技术展开了积极的研究和探索。在理论研究、实验室建设和示范工程建设方面取得了一系列的成果。天津大学、中国科学院电工研究所、合肥工业大学、中国电力科学研究院等高校和研究机构，均建立了微网测试平台，以进行微网领域的相关研究工作。西藏措勤微电网示范工程、浙江舟山摘箬山岛风光储微电网、浙江东福山岛微电网、珠海东澳岛微电网、蒙东太平林场微电网、内蒙古陈巴尔虎旗微电网、天津中新生态城微电网、江苏盐城大丰微电网、青海玉树微电网等一批实际微电网工程已经投运，目前还有一批微电网工程正在建设中。总体上看，我国微电网处于起步阶段，主要以试点项目为主，离商业化还有一定的距离。但随着我国电力体制改革的深入完善、电网结构的不断调整和发展方式的逐步转变，将给微网建设和发展带来巨大的发展机遇，微电网技术有可能成为我国未来能源应用模式变革的重要推动力。西藏措勤智能微电网实验系统如图 4-9 所示，舟山摘箬山岛风光储微电网实验系统如图 4-10 所示。

图 4-9　西藏措勤智能微电网实验系统

图 4-10　舟山摘箬山岛风光储微电网实验系统

目前国际上已对微电网相关技术开展了较为深入的研究工作，结合理论和技术研究的开展，很多国家建设了相关的实验示范系统，有的已经投入了市场化运营。北美、欧盟、日本等国家和地区已加快进行微电网的研究和建设，并根据各自的能源政策和电力系统的现有状况，提出了具有不同特色的微电网概念和发展规划，在微电网的运行、控制、保护、能量管理以及对电力系统的影响等方面进行了大量研究工作，已取得了一定进展。欧盟第五框架计划、第六框架计划持续支持了一批研究项目，建立了大量的微电网研究系统和示范系统。美国权威研究机构 CERTS 对微电网的概念及热电联产式微电网的发展做出了重要贡献。CERTS 在威斯康星麦迪逊分校建立了自己的实验室规模的测试系统，并与美国电力公司合作，在俄亥俄州 Columbus 的 Dolan 技术中心建立了大规模的微电网平台。美国电力管理部门与通用电气合作，建成了集控制、保护及能量管理于一体的微电网平台。此外，加州也建成了商用微电网 DUIT。北方电力和国家可再生能源实验室（NREL）在佛蒙特州建立了乡村微电网。日本在分布式发电应用和微电网展示工程建设方面已走在了世界的前列，为推动微电网相关研究，日本 NEDO 专门组织建设了 Hachinohe、Aichi、Kyoto 和 Sendai 等微电网展示工程。

4.2　国内外技术差距和瓶颈分析

4.2.1　风电控制技术

1. 电网友好型技术

（1）风电调频/调压技术

目前，虽然国内外高校和科研机构在虚拟同步机等风电机组调频/调压控制技术上取得了一定的研究成果，但现有的研究成果主要集中在单台发电单元，应用于分布式发电和微电网，以新能源场站为控制对象的调频和调压控制技术研究不够深入，推广效果不明显。

（2）风电机组故障穿越技术

我国在风电机组低电压穿越、高电压穿越方面开展了技术研究工作，风电机组并网性能大幅提升，2013 年后，我国未再发生大规模风电脱网事故。相比于传统发电机组，现有风电机组并不具备对电网电压、频率的主动支撑功能，随着新能源发电占比不断升高，电力系统电压频率稳定问题凸显。未来高比例新能源接入场景下，在故障穿越阶段，风电机组应能有效抵御电压骤变、负序扰动、谐波畸变等各类短时及长期电网故障，同时还应为电网提供必要的电压、频率支持，增强电网稳定性。

2．风电集群控制

总体来看，我国对于新能源电站有功、无功控制技术研究已经积累了一定经验并研发应用了控制系统，有功控制研究主要集中在控制策略、控制方法评价等方面，在大型新能源电站多工况自适应调频控制、基于多源数据融合的大型新能源电站有功分层控制技术方面研究较少；无功控制研究集中于风电机组的控制策略、无功的优化选址以及风电场当地控制策略等方面；研发应用的控制系统存在不同风电厂家接口不规范、在线控制调节响应不一致等问题。此外，风电场/集群主动支撑电网运行控制性能还需进一步提升。

4.2.2　风电优化调度技术

1．风电在线优化调度

国内外在风电调度运行方面由于电力体制和市场化程度的不同，技术上存在本质差异，我国风电调度运行以计划体制为主，国外发达国家以市场经济调度为主，技术方面不具备可比性。

近年来，我国风电装机容量连续成倍增长，风电并网带来的技术和经济问题日趋复杂。丹麦、德国、西班牙和美国是世界风电开发较早的国家，在风电开发和运行管理等方面取得了较多经验，可为我国风电发展提供参考和借鉴。

我国风电主要集中在"三北"和东南沿海地区，风能资源与负荷中心呈逆向分布的基本国情，决定了我国风电的大规模开发、远距离输送成为世界性难题。我们必须在加强自身研究的同时充分借鉴国外的经验，在风电市场化调度运行管理方面进行探索，为我国风电大规模发展及未来市场化提供有益参考。

2．含风电电力系统生产模拟技术

由于国内未建立完善的电力市场体系，风电主要依靠保障性收购机制，均将风电、光伏发电作为优先发电序位。欧美等发达国家已基本建立完善的电力市场体系，软件优化目标为系统经济性最优，技术方面可比性不强。未来，随着国内电力市场建设的不断推进，含风电电力系统生产模拟技术还需考虑电力市场条件下的仿真分析，研究以系统经济性最优为目标函数的仿真模型。

3．风电基地接入电网调峰策略

国外大规模风电基地建设较少，以就地消纳为主，大规模远距离输送为辅，而且电力市场相对完善，电网调峰问题并不突出，因此这方面的研究较少。高比例可再生能源基地特高压交直流送端电网调峰关键技术具有通用性，基于分级控制体系开发的可再生能源基地特高压交直流送端电网调峰控制系统具有典型性，但具体的策略和控制技术需要根据不同区域电网结构和电源特性进行针对性的研究。

4．适应电力市场的风电优先交易技术

目前我国的电力市场体系还不完善、现货市场正处于试点阶段，在很长

一段时间处于计划和市场双轨制运行阶段，需要同时兼顾这两方面。而且我国的电源结构、电网条件、电力运行交易机制与国外差异较大，国外的经验和技术仅可供借鉴，无法直接拿来使用。未来，随着我国电力市场化进程的不断推进，相关的研究成果需要根据实际市场运行规则进行调整和完善，使其适应我国新能源参与市场的实际需求，为保障市场环境下的新能源消纳提供技术支撑。

　　5．新能源消纳预警技术

　　新能源消纳预警是在现有的政策、社会和技术条件下我国面临的特有问题，国外鲜有相关研究。新能源消纳预警分析需要的数据种类多、来源广、新能源基础数据质量较差是当前研究应用的重要瓶颈，需要不断提升新能源数据管理水平，提高数据质量。同时，要综合利用多种方法，寻找新的视角，深度挖掘新能源运行规律，为提升电网新能源消纳能力提供技术支撑。

4.2.3　风电综合利用技术

　　1．需求侧响应

　　（1）风电制氢

　　河北省张家口市的风电制氢项目通过与德国 McPhy、Encon 等公司合作，引进了德国风电制氢先进技术及设备。在风电制氢技术研究及应用方面，国外起步较早，技术研发及应用也更为成熟。国内风电制氢系统关键技术研究还处于起步阶段。

　　（2）风电供热

　　国内热-电联合运行监控软件的开发和应用还处于初级阶段，大多数监控系统还处于开发研究和试验阶段。在热-电协调优化与调度策略研究方面，国内已经开展了弃风供热项目试点。目前已经通过验收的国家科技支撑项目"消纳风电的热-电联合优化规划及运行控制技术"及"高压电制热储热提升可再生能源消纳的关键技术",均是风电供热方面的重点研发项目。

2. 多能互补利用

国内对风电多能互补的研究还处于起步阶段,大部分研究还停留在学术层面,在理论上分析了风电与其他电源联合运行的可靠性和经济性,缺乏对生产实际活动的有效指导性。我国能源资源中心与负荷中心逆向分布,限制了风电、光伏发电等可再生能源发电的发展,在可再生能源发电的多能互补形式、运行控制等方面应加强研究。

3. 分布式利用

与发达国家相比,我国对微电网的研究起步相对较晚,主要以试点项目为主,但总体来看,国内外微电网还处于初级阶段,均未进行大范围的商业化运行。目前我国试点工程的建设主要用于微电网关键技术的研究验证,但从实际应用效果看,关键技术还不成熟。大部分试点工程在交换功率控制、并/离网无缝切换、能量优化管理等关键技术实现方面还不成熟,或实现方式过度依赖储能电池的配置等,不能满足大规模推广应用的需求。另外当前投资成本高且无合适的商业模式,也是阻碍微电网发展的重要因素。

4.3 技术发展趋势与需求分析

4.3.1 风电控制技术

1. 电网友好型技术

（1）风电调频/调压技术

目前,我国已经全面掌握了虚拟同步发电机核心技术,在国际上保持技术引领地位。下一步亟须开展新能源场站调频和调压关键技术研究,同时,研制系列化装置并进行大规模推广应用。

（2）风电故障穿越技术

随着大规模新能源电源的接入电网，交流电网的强度会随之变弱，主要表现为低短路比或者低惯量。而短路比与电压稳定性相关，当风电机组端口的短路比越低，电压就越容易波动。频繁的电压波动会引起风电机组的失稳和跳闸保护，从而破坏电网的稳定性。系统的暂态电压稳定性是风电机组接入弱交流电网时关注的一个关键点。而风电场的故障穿越性能会直接影响弱电网的暂态稳定性和电压稳定性。在故障清除后电网恢复的暂态过程中，由于电网电压相角会发生突变，风电机组可能会因为锁相环瞬态误差变大而暂时失控，从电网吸收有功和无功功率。现有并网标准中的风电场故障穿越相关指标是以强电网作为假设条件。随着新能源占比的不断提升，仅按照并网标准提供无功电流并不能保证弱电网下风电场的电压稳定性。采用传统矢量控制的风电场接入并网点时表现为 PQ 节点。电网越弱，PQ 节点的电压稳定裕度越低。因此，风电除了需要具有故障穿越能力之外，还要有主动支撑的能力，包含有功恢复速率和动态无功支撑能力两部分。

未来高比例风电电力系统环境下，风电机组故障穿越技术研究主要集中在以下几个方面：①研究风电机组在低、高电压连续故障时的控制模式切换机制；②研究风电机组在弱电网工况下的端电压振荡问题。

2. 风电集群控制

未来我国风电建设将继续以集中规模化开发为主。酒泉、蒙西、蒙东、冀北、吉林、黑龙江、山东、哈密和江苏 9 个大型风电基地，装机规模将进一步增大。

在这样的形势下，风电集群控制技术的智能化、自动化将是主要发展趋势。风电集群控制技术发展需求主要包括：亟须研究风电基地特高压跨区外送调度运行关键技术，研究清洁能源网源协调控制技术，研发大规模风电集群控制技术支持系统，从而解决大规模风电并网运行控制及未来电力市场条件下的风电运行控制问题，进一步提高大型风电基地的调度运行控制水平和消纳水平。

4.3.2　风电优化调度技术

1. 市场环境下的风电调度运行技术

从目前我国新能源发展状况和电力体制改革的进程来看，未来我国必将逐步建立起较为完善的电力市场体制，与国外情况类似，完全电力市场条件下风电调度运行将由市场通过经济手段去调度，风电必将通过参与市场竞争的方式参与电力系统运行。我国风电以大规模集中开发为主，远离负荷中心，就地消纳能力有限，大规模风电需要集中送出、远距离消纳。随着系统中包括风电在内的新能源占比的不断增加，电网调度运行安全稳定风险不断加大，系统对灵活性的需求越来越高。上述趋势及现状对市场环境下的风电调度运行技术提出了新的更高的要求。

市场环境下风电调度运行技术发展需求主要包括：风光水火储用等联合优化配置及调度运行控制技术、考虑送/受端发电与负荷不确定性的跨省/跨区联络线协调优化技术、风电基地接入电网调峰策略、大规模风电等新能源消纳的电网运行风险评估预警及滚动优化技术、电力现货市场环境下适应新能源消纳的运行优化方法以及协调中长期/现货与辅助服务市场化交易的新能源日前/日内随机优化调度技术等。

由于目前我国电力市场建设还不够完善，辅助服务市场和现货市场刚刚启动，调峰补偿机制、备用容量的裕度还不能完全适应清洁能源电力满发多发的需要，因此需要研究适应大规模风电等新能源参与电力市场模式，研究促进风电等新能源消纳的电力市场及辅助服务机制，构建适应我国电力市场运行的风电等新能源消纳量化分析评估模型，建立风电等新能源绿色发展评价方法，以充分发挥电力中长期交易市场和现货市场对新能源消纳的促进作用。

2．含风电的多种能源智能调控技术

智能传感、大数据、人工智能、5G 网络等现代信息通信技术的发展，为风电优化调度提供了新的手段，将推动含风电的多种能源协调优化调度向智能调度方向发展。

应充分应用智能传感、移动互联、物联网、云计算、大数据、人工智能等现代信息通信技术，实现源网荷储等系统各个环节状态全面感知和信息高效处理，提高对新能源出力特性、发电信息、用户属性等的认识，提高新能源预测精度，提升新能源主动控制能力，建立智能化的新能源优化调度辅助决策平台，增大新能源消纳空间，提高新能源消纳能力。

4.3.3　风电综合利用技术

1．需求侧响应

（1）风电制氢

需要突破风电间歇性功率波动对制氢系统的影响问题、风电耦合氢能系统的集成控制和优化运行以及氢气的储运技术等，另外其经济效益问题也有待于进一步深入研究。

（2）风电供热

我国风电供热的未来技术发展有赖于我们能够给予的发展环境。就长远看，与其他生产用能方式一样，风电供热的命运与我国能源发展战略的实施和发展目标的实现息息相关，具体一点说，就是电力市场化程度。风电供热技术的发展和大规模应用，需要一个开放的、现代的、有利于资源优化配置的电力市场环境。有了这样的电力市场环境，人们就可以将风电供热的存在价值交由它检验，从而决定技术发展去向。因此，依托于较为完善的电力市场机制的风电供热技术，必将是未来的主要发展趋势，一方面业界各方可在市场竞争中不断促进技术进步，降低风电供热技术成本；另一方面可通过市场化的手段进一步提升风电供热的应用水平。

风电供热技术发展需求主要包括：我国三北地区多属于冬季供暖区域，而冬季产热供暖需求恰好可与风电消纳相契合，若冬季产热供暖能够通过风电部分解决，还能够缓解困扰我国北方地区传统采暖季燃煤污染问题。风电供热的技术发展需求主要体现在储能、调峰及减排三个方面。从整个发电、输电及产热供热的过程看，由于风电供热弱化了风力发电的随机间歇性，供热系统可以通过储热形式实现储能用能，也降低了风电对于电网的适应性要求，因此可以将风电供热看作是电力生产及储能利用的过程。其次，热力负荷可以依据电网要求安排用电运行，且可以借助储热设施平滑出力，从而为降低电网峰谷差及调峰填谷做出容量贡献。另外，风电供热可以替代燃煤创造减排效益。作为电力用户，尤其是作为我国三北地区供暖季燃煤替代的技术方案，风电供热设施的广泛运用有利于大幅度地减少燃煤污染排放，为社会创造可贵的环境效益。技术方面，需研究热-电联合优化运行策略与控制技术，开发提升风电利用率的热-电联合优化运行控制系统。

2. 多能互补利用

在多能互补利用技术方面，应充分考虑我国资源中心和负荷中心逆向分布的特点，在我国目前能源结构的基础上，进一步研究互补发电系统的体系结构，合理配置互补发电系统，降低建设费用，提高运行经济性。研究互补发电系统的能量管理控制，实现互补发电设备的动态优化组合，降低系统运行成本，提高系统运行质量。积累互补发电实验数据，储备互补发电的相关经验和技术任务，制定互补发电系统技术标准，形成较完善的可再生能源技术支撑体系，为可再生能源的大规模开发和利用奠定基础。

多能互补利用技术发展需求主要包括：在多能互补利用技术方面，技术发展需求主要有多能互补发电系统规划设计研究、多能互补发电系统的能量管理控制技术和多能互补发电系统技术标准体系研究。

（1）多能互补发电系统规划设计研究

随着风电、光伏发电等新能源发电的快速发展，其并网消纳面临越来越难的局面，在多种能源并存的形势下，实施多能互补是必要的并且具有显著效益，通过多能互补可以缓解风电等间歇性电源对电网的不利影响，提高电网消纳能力，增加可再生电源比重。风电多能互补形式多种多样，包括风光互补、风水互补、风火互补和微电网多能互补等方式，不同电源互补形式有着不同的运行特性。为促进分布式风电开发利用，提高分布式风电运行灵活性和经济性，有必要开展含分布式风电的多能互补开发利用形式及优化规划技术。

（2）多能互补发电系统的能量管理控制技术

多能互补发电系统中各种类型电源的出力特性和运行控制方式不同，为了保证负荷供电可靠性，多能互补发电系统的运行方式处于动态变化过程，且有不同的组态方式。为了合理调度多能互补发电系统的能量，并且使风电多能互补系统安全稳定运行，应通过调节系统运行方式，实现多能互补系统能量平衡，因此需要研究多能互补发电系统的能量管理控制技术，实现互补发电设备的动态优化组合，降低系统运行成本，提高系统运行质量。

（3）多能互补发电系统技术标准体系研究

技术标准对行业提出了统一的技术要求，起一定的指导和规范作用，在多能互补发展中是必不可少的，应积累互补发电实验数据，储备互补发电的相关经验和技术任务，制定互补发电系统技术标准，形成较完善的可再生能源技术支撑体系，为可再生能源的大规模开发和利用奠定基础。

3. 分布式利用

微电网技术是风电分布式利用的重要技术，未来的发展趋势主要集中在微电网的规划设计、运行控制、储能技术、信息通信以及商业化推广应用等方面。微电网的规划设计和运行控制有着高度的耦合性，在规划设计时须充分考虑运行控制策略的影响，综合考虑系统全生命周期内的运行信息，掌握提高供电可靠性、降低运行成本、提高分布式风电等可再生能源发电渗透率的微电网规划设计方法；未来应掌握微电网电压、频率控制、并/离网切换等技术，研究微电网与大电网相互协调技术，突破融合能量管理和需求侧管理的微电网管理策略技术；进一步降低微电网储能建设和运行成本，增强储能调峰的灵活性和经济性；掌握微电网信息通信技术，为微电网的运行控制、能量优化、响应配网调度等高级应用提供技术支撑；对微电网进行商业推广应用，尤其在含高渗透率分布式电源地区，以及大电网无法覆盖地区重点推广。

微电网技术发展需求主要包括：微电网作为分布式风电、分布式光伏、储能等电源类型并网发电的一种新的组织形式，可以实现分布式电源技术的灵活、高效应用，解决数量庞大、形式多样的分布式电源并网问题。由于其电源构成、结构方式、运行模式等与常规电网都有很大的不同，需要采用专有的方法或技术加以解决，主要包括微电网规划与设计技术、微电网运行与能量管理技术、微电网储能技术、微电网信息通信技术等方面。

（1）微电网规划与设计技术

微电网规划设计的目的是根据规划期间内的综合用能情况、可再生能源资源情况和现有网络的基本状况确定最优的系统建设方案，使得系统的建设和运行费用最小。由于可再生能源的随机性和波动性对微电网的可靠运行影响较大，同时有别于常规电网的规划，微电网的规划设计问题与其运行优化策略具有高度的耦合性，规划时必须充分考虑运行策略的影响，综合考虑系统全生命周期内的运行信息对微电网进行优化规划设计。而微电网运行策略多样，也增加了微电网规划设计问题的复杂性。为了更好地指导微电网工程项目建设运行，必须对微电网进行合理的规划设计，从电网、用户、环保等多个角度全面详细地分析微电网的成本效益，以便使微电网的建设运行达到效益最大化的目标。

（2）微电网运行与能量管理技术

微电网拓扑结构和运行方式的多样性，微电网内部光伏、风电等可再生能源发电出力的随机性，以及种类繁多的微电源的控制方式不同、运行特性不一，对微电网运行控制及能量管理提出了更高的要求。就微电网的运行控制而言，由于微电网运行方式的可变性、控制模式的多变性使得微电网控制技术具有较高的复杂性，深入研究其关键运行控制技术对促进微电网发展、提高可再生能源利用率都具有重要意义。就微电网能量管理而言，由于微电网可同时存在多元能量平衡关系、多种可再生能源、多种能源转换单元以及多种运行目标，使得微电网成为一个具有较强随机性的多元非线性复杂系统，其能量管理技术与大电网的优化调度存在很大不同，需要加强对微电网能量管理技术方面的研究，以实现微电网的优化运行，提高微电网乃至配电网的运行效率。

（3）微电网储能技术

储能系统是构建微电网的不可或缺的组成部分，是微电网在自治运行时达到安全、高效、可靠的必要保障。目前储能设备规模较小、成本高、技术和性能尚未达到要求，在电力系统中应用较少。我国在储能材料的研究方面有一定的基础，但研究的规模、深度和实用化程度方面还不够。目前国内外对于分布式储能系统的优化配置与运行控制技术，无论是理论模型研究，还是实际建设均处于初级阶段。因此，为了增强储能调峰的灵活性和经济性，实现微电网储能技术的大范围应用，应在储能系统的本体技术、储能系统优化配置方法、混合储能系统的优化控制技术等方面进行更深入的研究。

（4）微电网信息通信技术

微电网信息通信是实现微电网信息交换、微电网运行控制和数据管理的信息通信平台。微电网的运行控制、能量优化、响应配网调度等高级应用都需要依赖微电网信息通信技术。目前微电网主从控制中的两层控制方式对通信要求更高，既要保证其可靠性还要有足够的实时性，对计算机系统及通信依赖较大，时效性有待论证。实时性和高可靠性的微电网监控系统需要快速的现场数据信息采集和安全性高、传输速度快的通信网络以实现上行数据和下达指令的交互，在国内外已建成的微电网示范工程中，绝大多数系统信息通信架构的设计仍难以满足微电网对实时性和开放性的要求。

未来技术的发展趋势将在分布式风电多能互补、微电网技术的发展基础上进行更加智能化、综合化的应用，主要集中在分布式电源运行集中监视与运行控制技术、基于区域分布式发电的虚拟电厂的能量管理技术和多微电网的集群协调控制技术等方面。

分布式电源运行集中监视与控制技术。分布式电源数量多、位置分布广，电网集中管理难度较大。一方面大量分布式电源接入配电网，而配电网尚未建立电力通信网络，自动化信息采集困难，从经济性角度，分布式电源投资建设专用通信网络性价比非常低，且利用率不高；另一方面，分布式电源接入配电网，将改变电网潮流分布，使配电网无功电压波动较大，考虑到分布式电源出力的快速波动性，传统的无功电压控制模式需与分布式电源进行协调和适应，需要建立相应的集中监控平台和运行管理系统，负责多个分布式电源运行管理，因地制宜地采取多种形式在分布式电源与监控中心之间建立稳定的通信联系，对分布式电源进行远程监控，同时在监控中心与电网调度部门之间建立可靠的调度关系，确保分布式电源和电网的安全稳定运行。

基于区域分布式发电虚拟电厂的能量管理技术。随着分布式发电资源数量的增加与技术的发展，可有效地促进电力系统低碳、环保的运行。但这些分布式电源在促进电力系统节能减排运行的同时，因其布局分散、规模较小的特点，使其在并网运行时很难参与到电力系统调度中，这就使这些分布式电源无法充分地发挥其积极作用。为实现这些分布式电源资源的整合与控制，国内外提出了虚拟电厂的概念，它是不同容量与不同种类的分布式发电资源的聚合，通过表征各类分布式发电资源参数，进而建立整体的运行模式，同时还可包含聚合各类分布式发电资源输出的网络影响。能源互联网中具有多种分布式电源，各分布式电源运行状态、出力等动态变化，具有典型的非线性随机特征与多尺度动态特征，因此有必要研究基于区域分布式发电虚拟电厂的能量管理技术。

多微电网的集群协调控制技术。能源互联网可以被认为是未来能源基础平台，分布式能源、生产-消费一体的能源主体将成为其主要组成部分。电力网络将是未来能源互联网的主要载体，然而当前电网运营还保持二元结构特点，生产、配送过分依赖预测，缺乏高效的通信通道实现信息共享，能源利用率处于较低层次。因此，以现有电网为基础，对可再生能源生产和存储进行恰当调度是实现能源互联网的基本要求，研发支持便捷双向能源流和信息流融合的技术和设备是构建能源互联网的关键。能源互联网技术可以实现各种电源的连接共享，其中包括含分布式电源的微电网系统，多微电网之间的能量管理与协同控制采用的是动态拓扑结构，具有能源网与信息网叠加的特点。为了最大化利用可再生能源，提高能源互联网的可靠性与安全性，要求能源互联网运用多层交叉、集中与分布结合的分布式能量管理与协同控制技术。

4.4　发展目标

4.4.1　风电控制技术

1. 电网友好型技术

近期（2020 年前后），研究不同电网运行情况下风电机组频率与电压动态响应特性，揭示风电宽频动态特性及交互影响机理，掌握风电惯量、阻尼、一次调频和故障电压穿越等核心技术；开展多台虚拟同步发电机并联运行研究。

中期（2021～2030 年），掌握连续电压故障穿越技术，解决弱电网场景下电压振荡问题，突破高比例风电电力系统下风电故障电压穿越技术，加快技术标准制定，研发适应高比例新能源电力系统的"电网友好型"风电机组及场站优化控制系统，并在试验基地开展并网性能验证和示范应用。

远期（2031～2050 年），适应高比例新能源电力系统的风电装备商业化应用。

2．风电集群控制

近期（2020 年前后），开展大规模风电基地与百 MW 级储能协调运行控制技术研究并研发系统；研究极端环境下大规模风电基地运维及事故处理技术；研究适应极端气候及地理环境大规模风电基地发电运行风险预警技术。

中期（2021 年～2030 年），研究大规模风电基地与其他能源时空互补特性分析技术，研究大规模风电基地与 GW 级多类型储能协调运行控制技术，研制大规模风电基地智能运维机器人；研究适应极端气候及地理环境大规模风电基地发电运行风险预警及主动防御技术，研发的系统具备工程应用条件。

远期（2031～2050 年），研发大规模风电基地与 GW 级多类型储能协调运行控制系统并具备示范应用条件；研发适应极端气候及地理环境的大规模风电基地发电运行风险预警、主动防御与事故自愈综合保护系统。

4.4.2 风电优化调度技术

1．市场环境下的风电调度运行技术

近期（2020 年前后），研究考虑送/受端发电与负荷不确定性的跨省/跨区联络线协调优化技术、大规模风电等新能源消纳的电网运行风险评估预警及滚动优化技术、电力现货市场环境下适应新能源消纳的运行优化方法，以及协调中长期/现货与辅助服务市场化交易的新能源日前/日内随机优化调度技术等；研究电力市场改革过渡期条件下促进风电消纳的电力市场及辅助服务机制，构建适应我国电力市场运行的风电等新能源消纳量化分析评估模型，研发相关应用模块和系统，在省级调控机构得到示范应用。

中期（2021～2030 年），完善市场环境下的风电调度运行相关技术，研发适应电力市场环境的风电调度技术支持系统，在省级调控机构开展示范应用；根据市场化进程完善促进风电等新能源消纳的电力市场及辅助服务机

制，建立风电等新能源绿色发展评价方法。

远期（2031～2050 年），根据电力市场改革的深入，研究和完善完全电力市场环境下风电参与电力市场竞争机制、交易技术和风电调度运行技术，研发的技术支持系统推广至全国电力交易中心和调控机构。

2．风/光/水/火/储/用等联合优化配置及调度运行控制技术

近期（2020 年前后），研究基于智能传感、移动互联、物联网等技术的源网荷储等系统各个环节状态全面感知和信息高效处理技术；研究大数据和人工智能等技术在含风电的多种能源协调优化调度领域的应用技术，研发智能化的新能源优化调度辅助决策平台，并在部分地区调控中心得到示范应用。

中期（2021～2030 年），完善智能调控所需的数据采集和信息处理技术，含风电的多种能源智能调控技术以智能化的新能源优化调度辅助决策平台得到升级改进，并在各级调控中心得到推广应用。

远期（2031～2050 年），升级改进智能化的新能源优化调度辅助决策平台，使其成为各级调控中心进行风电等新能源调度运行的有力工具。

4.4.3　风电综合利用技术

1．需求侧响应

近期（2020 年前后），研究风电耦合氢能系统的集成控制和优化运行技术，研究适用于电网的规模氢气储运技术，特别是新型储氢材料的研究；优化供热机组的热-电负荷，提出挖掘城市供热系统调峰能力的方法，研究热-电联合优化运行策略与控制技术。

中期（2021～2030 年），配合风电并网接入的能量管理策略，研究氢储能系统应用于电网的成套技术方案；提出统筹考虑供热机组、储热式电采暖和大规模风电的联合运行控制策略；开发提升风电利用率的热-电联合优化运行控制系统并商业化应用。

远期（2031～2050 年），研制适用于电网的新型储氢材料，开发提升风电利用率的风电-氢储能联合优化运行控制系统并商业化应用。

2．多能互补利用

近期（2020 年前后），开展多能互补发展形式研究，提出多种含分布式风电的多能互补运行模式，提高分布式风电运行灵活性和经济性，并针对多种多能互补形式开展工程应用。

中期（2021～2030 年），在多能互补发电系统的能量管理控制技术方面取得突破性进展，多能互补发电系统大范围应用。

远期（2031～2050 年），累积多能互补发电系统运行经验，完成多能互补技术标准体系。

3．分布式利用

近期（2020 年前后），全面开展微电网各项关键技术研究，在微电网规划设计、运行控制、储能、能量管理技术方面取得突破性进展，在分布式电源运行集中监视与运行控制技术和基于区域分布式发电的虚拟电厂的能量管理技术方面取得突破性进展。

中期（2021～2030 年），突破多微电网的集群协调控制技术，并开展试验应用。

远期（2031～2050 年），微电网系统技术全面发展成熟且具备市场竞争力；微电网在含高渗透率分布式电源地区，以及大电网无法覆盖地区成为主流解决方案，并开展大规模的商业化和市场化推广。

4.5　重点任务

4.5.1　风电控制技术

电网友好型技术的重点任务：分析研究利用风电场与常规水、火电机组配合进行一次调频的实现方案，掌握通过惯量响应及桨距角进行风电机组一次的控制策略及实现方法，制定风电参与一次调频的相关技术标准及激励措施。对位于特高压直流送端电网近区的风电场完成高电压穿越技术改造；新建及改扩建风电场安装的风电机组应具备标准要求的高电压穿越能力。

风电集群控制的重点任务：适应风电接入弱电网需求的主动有功/频率、无功/电压及阻尼控制技术；风电场接入电网的次同步振荡/谐振问题及抑制技术；风电场接入电网电能质量控制技术；风电场运行控制模拟及性能测试技术；研发直流集电型风电场有功/电压自动控制系统；研发大规模风电基地与 GW 级多类型储能协调运行控制系统并具备应用条件；研发可自适应极地、沙漠、海洋等全球各类极端环境的大型风电基地智能运维机器人；研发适应极端气候及地理环境的大型风电基地发电运行风险预警、主动防御与事故自愈综合保护系统。

4.5.2　风电优化调度技术

风电调度运行的重点任务：具有相关性的风电调度运行随机规划问题模型和快速求解技术；风电与电化学储能、抽水蓄能、热力、油气等多种形式储能优化配置及联合运行控制技术；风电运行风险预警和主动防御技术；风电基地特高压跨区外送调度运行关键技术；考虑送/受端发电与负荷不确定性的跨省/跨区联络线协调优化技术、大规模风电等新能源消纳的电网运行风险评估预警及滚动优化技术；风力发电电网主动支撑及协调控制技术；基于我国电力市场化改革的风电调度运行技术；促进风电消纳的电力市场及辅助服务技术；基于广域信息测量的风电并网特性在线评估技术；基于智能传感、移动互联、物联网等技术的源网荷储等系统状态全面感知和信息高效处理技术；基于云计算的分布式风电网格化信息服务与智能控制技术。

4.5.3 风电综合利用技术

风电制氢的重点任务：适用于电网的高电压大功率氢储能系统的协调控制技术研究；适用于电网的规模储氢技术特别是新型储氢材料的研究与开发；配合风电并网接入的能量管理策略，研究氢储能系统应用于电网的成套技术方案。

风电供热的重点任务：研究城市供热系统建模及特性；研发热负荷预测技术研究和系统；提升风电消纳的热-电联合规划技术；热-电联合优化运行策略及控制技术；大容量储热单元流程结构、运行特性、集成设计原理及优化方法；大容量储热单元优化配置及运行机制；电、热等多种能量形式的协调优化与调度策略；提升风电消纳能力的大容量储热系统研发示范。

多能互补的重点任务：研究含分布式风电的多能互补发电系统的体系结构，合理配置多能互补发电系统；研究互补发电系统的能量管理控制，实现互补发电设备的动态优化组合，降低系统运行成本，提高系统运行质量；积累多能互补发电实验数据，储备多能互补发电的相关经验和技术任务，制定多能互补发电系统技术标准，形成较完善的可再生能源技术支撑体系。

分布式利用的重点任务：综合考虑系统全生命周期内的运行信息，研究微电网优化规划设计技术；研究微电网储能技术，增强储能调峰的灵活性和经济性，实现微电网储能技术的大范围应用，增大分布式风电在微电网中的渗透率；研究微电网运行与能量管理控制技术，实现微电网与大电网的协调运行，提高微电网运行效率；研究微电网信息通信技术，满足微电网对实时性和开发性的要求；研究分布式电源运行集中监视与控制技术，建立相应的集中监控平台和运行管理系统，确保分布式电源和电网的安全稳定运行；研究基于虚拟发电的分布式电源能源管理技术，实现分布式电源的整合与控制；研究多微电网集群协调控制技术，提高分布式电源消纳能力，实现能源资源优化和能源效率提升。

4.6　研发体系

从目前我国新能源发展情况和电力体制改革的情况来看，未来我国必将逐步建立起较为完善的电力市场体制，与国外情况类似，完全电力市场条件下风电调度运行将由市场通过经济手段去调度，风电必将通过参与市场竞争的方式参与电力系统运行。在这样的形势下，风电控制技术将向智能化、自动化方向发展。

风电综合利用技术方面，风电供热可促进风电消纳、缓解弃风限电；在多能互补方面，我国大部分研究只是在理论上分析了风电与其他电源联合运行的可靠性和经济性，缺乏对生产实际活动的有效指导性，应用较少；在分布式利用的微电网技术方面，我国主要以试点工程为主，未进行大范围推广应用，在规划设计、运行控制等关键技术方面还有待深入研究。

未来的研发关键技术：研发基于电力市场机制的多能源互补优化调度技术，研发大规模风电多时间尺度滚动协调优化调度系统。研发构建基于并行计算超实时仿真系统的适用于多类型气候及地理环境的高比例风电运行风险在线评估和主动防御系统，实现风电预测不确定性、极端天气气象、连锁故障等因素导致的电网安全运行风险的在线预警、主动防御、事故自愈综合保护等技术。研发大规模风电跨区交易与优化消纳技术，建立跨区能源互联、能源综合利用、交直流混联电网等多约束条件下风电消纳量化评估方法与调控策略。研发全面支撑大规模高比例风电优化调度运行与风险防御技术，支撑大型集中式和高渗透率分布式风电并网优化调度运行，实现风电滚动协调递进控制，支撑全国可再生能源发电装机占比超过 50%、局部地区占比

100%、部分时段电量占比 50%的电网安全稳定运行。研发包含风电的微电网和多能互补系统规划设计、运行控制、信息通信和能量管理技术，支撑高渗透率分布式风电的消纳应用。研发风电与电化学储能、风电供热、风电制氢等联合优化运行技术，实现大规模风电与抽水蓄能、热力、油气等其他能源形式的综合运行，研发体系如图 4-11 所示。

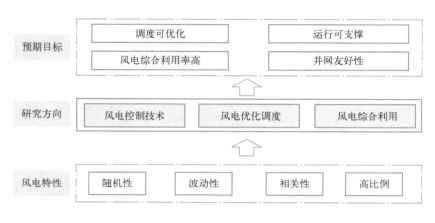

图 4-11　风电高效利用研发体系

4.7　发展路线图

2020 年前后，主要开展风电集群控制技术、风电优化调度技术、风电主动支撑技术、风电综合利用技术的集中攻关工作；2021～2030 年，主要开展风电集群控制技术、风电优化调度技术和风电综合利用技术的试验示范工作，并不断扩大主动支撑技术的工程示范范围；2031～2050 年，开展风电集群控制技术、风电优化调度技术、风电综合利用技术和虚拟同步机技术的商业化应用推广，如图 4-12 所示。

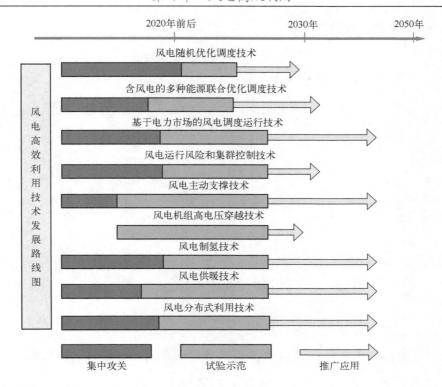

图 4-12　风电高效利用技术发展路线图

第5章 促进措施和政策建议

5.1 示范应用与推广建议

5.1.1 风能资源与环境评价示范推广建议

（1）风能资源评估与功率预测示范推广建议

开展风电场内资源的精细化评估，为风电机组微观选址提供基础。通过对典型气候条件、地形、地貌等因素的风能资源精细化监测，优化评估方法，发展我国本土化的风能资源评估软件。

联合国内外顶级气象研究机构共同攻关风能资源数值模拟与气象预报技术，建立面向风电功率预测的高精度精细化数值天气预报平台，研究成果依托示范项目应用于集群预测、概率预测与事件预测，并根据评估结果对气象预报进行调优。预计 2025 年，实现考虑资源相关特性的风电集群预测的全覆盖；2035 年，实现多扰动条件下概率预测和事件预测在典型省份的示范应用，并逐步推广应用。

（2）环境与生态评价示范推广建议

建议选择大型风电基地、典型风电场，从建设规划、风电场选址、建设施工、投产运行阶段全程跟踪，调查评估风电开发对生态环境、气候的影响，进行定量分析与评估，研究风电开发对局部地区及其宏观环境的影响。

5.1.2　风力发电装备示范推广建议

（1）风电机组整机设计与制造示范推广建议

开展风电机组整机设计与制造示范，可通过建立 15MW 级大型风电机组传动链地面公共试验系统，开展大型风电机组传动链及关键零部件的地面测试；具备海上风电检测能力，建成海上风电检测平台，为我国风电开发提供关键设备、技术研发提供核心技术支持，增加就业人数。

以风电机组整机及传动链测试平台、海上风电检测平台为起点，搭建我国风电公共测试服务平台，提高风电技术水平，改善风电产品可靠性、减少运维成本、提高电源电网协调性能、提高电网对风电的接纳能力，有效提升我国风力发电效率。

风电机组整机及零部件检测平台的建立，提升了我国大规模风电接入后的风电机组与电网的运行水平，有助于我国的能源安全，促进风电与电网的和谐发展，提高了社会对风电这一可再生能源的认可与接受能力，有利于风电这一可再生清洁能源的健康有序发展。风电的发展一方面避免了常规能源（火电等）对环境的污染；另一方面，风电的发展为社会提供了更多的就业岗位，有助于拉动地方区域经济的发展。我国风电开发大多处于经济欠发达地区，有助于欠发达的风电开发地区的脱贫致富。

（2）数字化风电示范推广建议

在陆地、海上以及深海各类型风电场安装风电机组在线监控系统，持续采集运行数据，形成海量数据储备，为开展基于大数据、云计算、物联网等先进技术的风电机组智能运维技术研究提供数据支持。前期开发故障预测系统之后，安装于 5 个以上风电场（总装机容量不低于 500MW），将故障预测结果与风电场实际运维数据同时采集对比，进行持续功能扩充或系统优化，最终实现风电场智能运维控制系统及故障预警/自动智能反应系统在区域内（1～2 个示范省）涵盖陆地、海上等多种风电场示范应用。

5.1.3　风电高效利用示范推广建议

（1）风电市场消纳示范推广建议

我国在电力市场发展过程中，风电调度运行可能两种模式。一是延续现行"固定电价+全额收购"的政策，不参与电力市场；二是以有补贴的形式参与电力市场。享受"固定电价+全额收购"政策的机组很有可能继续沿用第一种模式。未来，新能源参与电力市场政策出台后，新增机组和现行政策承诺有效期结束的机组将以第二种模式参与电力市场。

建议我国市场机制和规则设计时应充分考虑我国新能源发展特点和当前的消纳矛盾，探索建立包含电量市场、辅助服务市场、跨省跨区交易市场等在内的多元化市场架构。在市场架构设计中，探索建立包括竞争性电量市场、跨省区的电力交易市场、辅助服务市场、容量市场等多元化的市场架构，为新能源和常规电源盈利提供充足的市场选择与空间，促进高比例新能源接入条件下的电力转型。

在以上原则基础上，建议选择风电比例适当的省级电网开展新能源参与电力市场运行的试点工作，积累经验，并逐步推广至所有含新能源发电的电网。

（2）风电综合利用示范推广建议

1）结合我国能源结构分区域进行风能的开发利用，因地制宜地实施相应类型的多能互补，发挥各类电源优势。如在西南、西北等地区对风水互联进行合理的规划和试点应用，在我国新疆等地区依靠高压交直流探索风光火互补应用等。

2）结合当地实际和风电发展情况选择合理区域建设联网型微电网，在投资经营管理方面进行创新；在电网未覆盖的偏远地区、海岛等，优先选择新能源微电网方式，探索独立供电技术和经营管理新模式。抓好典型示范项目建设，因地制宜探索含分布式风电智能微电网技术应用，创新管理体制和商业模式；整合各类政策，形成具有本地特点且易于复制的典型模式，在示范的基础上逐步推广。

3）围绕现代互联网技术与能源系统的全面深度融合，鼓励具备条件的企业、部门和地区，因地、因业制宜地开展综合能源系统应用试点示范，在技术创新、运营模式、发展业态和体制机制等方面深入探索，先行先试，总结积累可推广的成功经验。

5.2　人才队伍培养建议

（1）促进技术进步，使风电的开发成本不断降低

研发和创新能力是实现风电技术升级换代的关键。技术创新的总体目标是，通过建立国家级风能技术研发中心，整合各种资源，开展风能基础性理论和公共性技术研究，解决企业共同面临的一些技术难题，并通过开展综合性研究，加强风能开发企业、设备制造企业、工程服务企业及电网企业之间的联系，将国家基础研究与企业应用研究等多个方面的各自优势结合起来，为增强整个产业的自主创新能力提供技术支持。为此，应加强以下方面的建设：

首先，建立和完善国家风电技术与创新体系，提高基础研究和公共服务能力。加强风电机组核心技术研发，实施技术内生，以规模化带动装备制造产业化和风电机组技术进步，重点建立叶片、传动系统等风电零部件公共试验平台，进行叶片、齿轮箱等传动系统的性能测试，为风电设备检测、认证和风电设备制造企业进行试验测试提供技术条件。基于典型地区的运行数据，为风电机组的性能改进、风电并网等研发活动以及风电设备的检测、认证活动，提供强有力的技术支持。试验风电场的建立，可以采取国家支持、股份制运作，以电养场的方式，也可以采取国外的"国家投资、租赁机位"的运作模式。为尽快适应建设电网友好型风电场需要，进一步提高风电机组故障穿越能力、有功

无功功率调节能力、主控系统及变流器关键零部件等技术性能。

其次，建立完善的风电产业服务体系，全面发展风能技术咨询、战略研究、运输安装、运行维护、检测认证等技术服务行业，为风能产业的规模化发展提供专业化服务。

最后，开展国家支持的技术研发活动。通过可再生能源发展基金和国家科技攻关项目支持风电关键技术的研发。例如，先进的大型风电机组和低风速机组、风电场的出力预测和预报技术、储能等新能源技术、风电智能并网、分布式发电和电力终端应用新技术（电动汽车充电基础设施）、风电场开发的生态环境影响评价方法等。

（2）完善风电人才培养机制

加快培养建立我国风能人才培养体系，利用国家技术研发机构、公共实验设施及检测认证能力体系的建设机会，并围绕风能技术咨询等产业服务需求，加强整体服务队伍的建设。政府要加大人才和机构等能力建设的支持力度，完善人才培养和选拔机制，培养一批风电产业发展所急需的高级复合型人才、高级技术研发人才，在重点院校开办风电专业，将风电产业人才培养纳入国家教育培训计划。

选择一批相关学科基础好、科研和教学能力强的大学，设立风电相关专业，增加博士、硕士授予点和博士后流动站，鼓励大学与企业联合培养风电领域高级人才，支持企业建立风电教学实习基地和博士后流动站。充分利用国家公共研发及示范基地，加强学科人才梯队建设，培养中青年科技骨干、学术带头人、学科带头人以及战略决策型人才；结合风力发电多学科交叉的特点，打破传统学科和学历界限，将人才队伍建设与学科建设和创新体系建设紧密结合，形成完善的人才培养体系和选拔机制。

（3）加强国际交流与合作

充分利用海外资源，从海外吸收优秀学者加盟，充实国内风电人才队伍；在国家派出的访问学者和留学生计划中，把风电人才交流和学习作为重要组成部分，鼓励大学、研究机构和企业从海外吸引高端人才。充分利用全球技术资源，积极引进国外先进技术和经验，加强与国外技术研究发展计划的合作，及时把握世界风力发电科技发展的新动向、新趋势，实现我国风电科技发展与世界接轨，促进我国风电科技的可持续发展。

5.3 备选技术清单

5.3.1 风能资源与环境评价备选技术

2020 年前后：

1）基于现有风电功率预测资源，构建资源监测网。

2）适用于我国复杂地型和特殊环境的风能资源评估技术。

3）面向风电场规划的精细化风能资源评估技术。

2021～2030 年：

1）大型风电场站/集群发电功率高精度预测、概率预测和爬坡事件预测技术。

2）海上风电功率预测技术。

2031～2050 年：

1）陆上/海上/高空风能资源开发对气候、环境和生态影响的评价与恢复技术。

2）退役和废弃机组材料的无害化处理与循环利用技术。

5.3.2 风力发电装备备选技术

2020 年前后：

1）大功率陆上/海上风电机组整机及关键部件设计与优化技术。

2）风电场站/集群智能化传感和实时运行状态监测的新型调度监控系统。

3）漂浮式海上风电机组设计与装备研制。

2021～2030年：

1）100m级大型化、轻量化风电机组叶片与气动性能评估技术。

2）基于物联网、大数据和云计算的风电设备全寿命周期设计、控制、智能运维及故障诊断技术。

3）基于大数据分析的风电装备故障诊断预警及智能运维。

2031～2050年：

1）大功率无线输电的高空风力发电技术及装备研制。

2）废弃风电设备无害化处理与循环再利用技术。

3）超导风电机组、高空风电机组等新型风力发电设计与装备研制。

5.3.3　风电高效利用备选技术

2020年前后：

1）风电与电化学储能、抽水蓄能、热力、油气等多种形式储能优化配置及联合运行控制技术。

2）大规模高比例风电多时空尺度协调优化调度与风险主动防御技术。

3）风电基地特高压跨区外送调度运行关键技术。

4）分布式电源运行集中监视与运行控制技术。

5）中东部地区低风速风电、陆上风电和海上风电的优化规划技术。

2021～2030年：

1）基于电力市场机制的风电多能源互补优化设计、运行和优先交易技术。

2）考虑跨大区能源互联、能源综合利用、交直流混联电网等多约束条件的风电优化调度运行技术。

3）促进集中式风电消纳利用的供热与制氢联合运行技术。

4）含大规模风电的多类型可再生能源发电基地优化设计与协调调度控制关键技术。

5）微电网能量管理控制技术。

2031～2050 年：

1）含分布式风电的多能互补发电系统规划设计和运行技术。

2）高渗透率分布式风电规划设计与运行控制关键技术。

3）基于虚拟电厂的能量管理技术。

4）多微网集群协调控制技术。

5.4　政策建议

为促进风能的高效利用，除在技术上进行不断创新突破外，还需要在发展政策、体制机制等方面营造良好的发展环境，注重风电和其他能源的协调规划、电力市场机制体系等的不断完善。

5.4.1　加强风电技术创新体系建设

形成具有自主知识产权的风电产业创新体系，建立国家、地方和企业共同构成的多层次可再生能源技术创新模式。充分利用并整合现有风电研究的技术和队伍资源，组建国家风电技术研发平台，解决产业发展的关键和共性技术问题，鼓励具有优势的地方政府建立风电技术创新基地，支持企业建立工程技术研发和创新中心，形成国家风电技术创新平台和若干个国家与地方及企业共建的联合创新技术平台。

5.4.2 大力推进风电与大能源电力系统共赢发展

应重点做好以下工作：风电与煤电、核电、生物质发电等电源的一体化协同发展；在发展集中式风电基地的同时，要重视分布式电源的发展；在发电装机总量增加的同时，特别加快电源结构调整和储能技术的发展；用能产业布局要与能源资源禀赋特点相结合。同时，为有效支撑上述重点工作，需要高度重视能源电力行业统一规划，强化区域能源规划，统筹常规能源电源与可再生能源电源的统一、协同规划布局，实现电源与电网的协调发展。依靠坚强、智能的现代电网和无所不在的信息技术以及电力市场，安全、经济消纳大比例的可再生能源电力，确保可再生能源成为我国的主流能源。为此，应做到以下几点：

1）建立健全政府电力规划管理体系，建立政府部门指导下相互协调合作的规划研究工作体系，理顺和健全规划工作的组织体系，充分发挥规划对电力行业发展的指导和引领作用。

2）明确中央与地方规划关系，规范中央、地方的规划职责，建立科学的规划调研、编制、咨询、审批、执行、调整、总结、评价反馈等制度、程序和规定。充分体现下级规划是上级规划的基础、上级规划对下级规划的指导作用。国家规划在时间上应明确各年份的建设目标，在空间上应明确各省市的发展规模，为地方规划提供指导。

3）建立健全电力规划的滚动调整机制。按照法定程序，定期组织相关机构开展滚动研究，对电力规划进行滚动调整。

4）将风电等可再生能源发展纳入能源电力发展统一规划，加强可再生能源与其他电源统一规划、可再生能源与电网统一规划、可再生能源本地消纳与外送统一规划、可再生能源送端与受端统一规划，国家综合部门要将各种可再生能源发展规划与能源电力行业发展规划相协调，统筹安排各类电源及各级电网的建设布局和时序，最大程度发挥各种可再生能源在我国能源结构调整中的作用。

5.4.3　尽快建立全国统一电力市场

尽快建立全国电力市场，完善风电电价机制和辅助服务机制，加强全国对风电等新能源发电的消纳能力。2019 年，全国风电装机容量占全国总电源容量的 10.45%，但却仅满足约 5.5%的电力需求，需要大力推进风电等新能源的消纳。全国电力市场构建对于风电等新能源的发展将起到根本推进的作用。尽快建立全国电力市场，在全国统一市场框架下，风电将主要通过参与电力市场的方式，通过跨省区中长期交易实现资源的大范围优化配置，通过灵活的短期交易消解新能源波动性带来的调峰调频问题，逐步过渡到包括中长期市场和现货市场在内的完整市场体系，通过发挥新能源边际成本低的优势实现优先消纳。

推进电力价格形成机制和调度方式改革，促进实现节能经济调度和可再生能源优先上网。加快建立电力市场运行机制，取消发电量计划管理制度，通过竞争方式安排各类机组的发电次序，实行由电力供需形成电价的机制。

引入容量电价和辅助服务价格，激励提供容量和辅助服务。以市场价格和节能调度代替标杆电价和发电量计划，形成"发电价格=电量电价+容量电价+辅助服务价格"的价格体系，改变传统火电行业的规模扩张驱动和发展模式，更加注重提高电力系统的灵活性。

5.4.4　完善产业服务体系

一是建立详细风资源信息的滚动公布机制。在 2025 年前，制定详细的风电资源详查和评价工作路线图并予以实施，政府要加大对区域项目级风能资源详查的投入力度，为逐步实现 10 亿 kW 装机做好风电场建设前期工作和项目储备。

　　主要工作任务包括：①在现有风能资源普查工作的基础上，在风能资源丰富区域内，选择部分具备条件的区域建立或进一步扩大风能资源专业观测网，利用风能资源数值模拟方法建立中、微尺度风能资源分布图谱，编写详细的风能资源评价报告，建立全国风能资源数据库；②综合考虑各区域内资源、电网、气候、地质条件等因素，完成风电场风能资源测量与评价工作，建立全国风电场工程项目数据库，适应风电开发的政府规划、宏观选址和工程建设的需要。在以上工作基础上，政府要建立起每 3～5 年向全社会公布风能资源信息的机制，使我国风电场开发、投资成本对所有的投资者都是透明的，从而更有效地吸引各方资金投入风电开发，逐步引导风电开发走向市场竞争机制。

　　二是完善行业管理和技术标准规范体系。为尽快研发、部署低成本、高效的技术并使其尽快地与市场融合，需要在 2025 年前建立起完善的风电管理和市场规则体系。

　　主要工作任务包括：①应建立权威的、统一的风电发展管理体系，重点是整合各方面的国家资源，开展国家风能发展战略、规划和扶持政策的设计，建立部门间综合协调机制，统筹电网、发电、气象、技术研发、规范标准、装备制造等各个部门，以及国家风能研发机构、国家风电检测和认证中心等重要机构，协调资金和技术力量等资源的分配，负责重要工程的组织与实施，为风能发展创造良好的体制发展环境，以应对未来风电大规模发展的需要；②政府应在每五年发展规划中，结合风电技术的发展变化，开展一定规模的先进技术示范项目，展示技术、资源、电网与市场的有效融合。

　　其次，要完善我国的风电标准、检测和认证体系，建立健全促进风电发展的全面协调体制。风电标准会促进风电产业升级，推进智能制造，标准要先行，应及早对风电标准进行规划，对重要标准进行制定、修订工作，促进标准引领产业进步。具体来说，应加快现有风电国家标准和行业标准的修订、整合和完善，适时制定新的国家和行业标准，提高标准的先进性；加强能源装备标准制定、修订所需的试验验证平台建设；加强与国际标准对接，提高国家标准、行业标准和企业标准等级，形成统一、完善、符合我国国情的能源技术装备标准体系；依托 IEC SC8A 可再生能源接入电网技术分委会，开展国际标准的制定、修订工作，增强国际影响力，引领可再生能源技术发展；成立国家级风电设备检测中心和认证中心，包括风电机组仿真和综合测试平台，建立与国际接轨的检测和认证体系，完成必要的基础设施建设，逐步推行对整机及关键零部件的强制性检测和认证，以及金融机构保险约束机制。

参 考 文 献

[1] 中国循环经济协会可再生能源专业委员会. 中国风电发展报告[R]. 北京：中国循环经济协会可再生能源专业委员会，2015.

[2] 国家能源局. 风电发展"十三五"规划[R]. 北京：国家能源局，2016.

[3] 中华人民共和国国家发展和改革委员会，中华人民共和国工业和信息化部，国家能源局. 中国制造 2025——能源装备实施方案[R]. 北京：国家发展改革委，工业和信息化部，国家能源局，2016.

[4] 中华人民共和国国家发展和改革委员会，国家能源局. 能源技术革命创新行动计划（2016–2030 年）[R]. 北京：国家发展改革委，国家能源局，2016.

[5] 中国可再生能源学会风能专业委员会（CWEA）. 2016 年中国风电装机容量统计[R]. 北京：中国可再生能源学会风能专业委员会，2017.

[6] 中国可再生能源学会风能专业委员会（CWEA）. 2017 年中国风电装机容量统计[R]. 北京：中国可再生能源学会风能专业委员会，2018.

[7] 中国可再生能源学会风能专业委员会（CWEA）. 2018 年中国风电吊装容量统计简报[R]. 北京：中国可再生能源学会风能专业委员会，2019.

[8] 中华人民共和国国家发展和改革委员会能源研究所，国家可再生能源中心. 中国风电发展路线图 2050：2014 版 [R]. 北京：国家发展和改革委员会能源研究所，国家可再生能源中心，2014.

[9] 中华人民共和国国家发展和改革委员会能源研究所. 中国 2050 高比例可再生能源发展情景暨路径研究[R]. 北京：国家发展和改革委员会能源研究所，2015.

[10] 国家电力调度控制中心. 国家电网 2015 年新能源并网运行情况报告[R]. 北京：国家电力调度控制中心，2016.

[11] 国家可再生能源中心. 国际可再生能源发展报告[M]. 北京：中国经济出版社，
2016.

[12] IRENA. Planning for the renewable future[R]. Abu Dhabi：IRENA，2017.

[13] 国家电力监管委员会. 风电、光伏发电情况监管报告[R]. 北京：国家电力监管委
员会，2011.

[14] 国家能源局. 风电发展风头劲[EB/OL].（2014-01-31）[2014-03-31]. http://www.
nea.gov.cn/2014-03/31/c_133226336. htm.

[15] 国家能源局. 2014 年风电产业监测情况[EB/OL].（2014-12-12）[2015-02-12].
http://www.nea.gov.cn/2015-02/12/c_133989991. htm.

[16] 国家能源局. 2018 年风电并网运行情况[EB/OL].（2018-12-28）[2019-01-28]. http://
www.nea.gov.cn/2019-01/28/c_137780779. htm.

[17] International Energy Agency. Technology roadmap: Wind energy[R]. Paris: International
Energy Agency, 2009.

[18] WindEurope. The European offshore wind industry: Key trends and statistics 2016[R].
Brussels: WindEurope，2017.

[19] Strategic Research and Innovation Agenda. European technology and innovation platform
on wind energy[R]. Brussels：Strategic research and innovation agenda，2016.

[20] National Development and Reform Commission. Renewable energy development
roadmap of China 2050[R]. Beijing：National Development and Reform Commission，
2014.

[21] SEMPREVIVA A M, TROEN I, Lavagnini A. Modelling of wind power potential over
Sardinia[C]. Proceedings of European Wind Energy Conference, Rome, 1986.

[22] PANOFSKY H A. Tower micromateorology[M]//HAAUGEN D A. Workshop on micro-
meteorology. Boston：American Meteorological Soicety, 1973：151-176.

[23] National Power Dispatch Control Center. Report of renewable energy operation of state
grid in 2015[R]. Beijing：National power dispatch control center, 2016.

[24] TROEN I, PETERSEN E L. European wind atlas[M]. Risφ：Risφ National Laboratory, 1989.

[25] 姚兴佳，刘颖明，宋筱文. 我国风能技术进展及趋势[J]. 太阳能，2016（10）：19-30.

[26] 赵鸣. 大气边界层动力学[M]. 北京：高等教育出版社，2006.

[27] FURNESS R W, WADE H M, MASDEN E A. Assessing vulnerability of marine bird populations to offshore wind farms[J]. Journal of Environmental Management, 2013，119：56-66.

[28] Hernández-Pliego J, de Lucas M, Muñoz A R, et al. Effects of wind farms on Montagu's harrier (circus pygargus) in southern Spain[J]. Biological Conservation, 2015，191：452-458.

[29] PESTE F, PAULA A, da SILVA L P, et al. How to mitigate impacts of wind farms on bats? A review of potential conservation measures in the European context[J]. Environmental Impact Assessment Review，2015，51：10-22.

[30] Bergström L, Kautsky L, Malm T, et al. Effects of offshore wind farms on marine wildlife: A generalized impact assessment[J]. Environmental Research Letters, 2014，9（3）：034012.

[31] Fagúndez J. Effects of wind farm construction and operation on mire and wet heath vegetation in the Monte Maior SCI, north-west Spain[J]. Mires and Peat, 2010（4）：2.

[32] 王娜，周有庆，邵霞. 基于混合神经网络的风电场风资源评估[J]. 电工技术学报，2015，30（14）：370-377.

[33] 陈卓，李霁恒，郭军红，等. 气候变化下的风能资源评估技术研究进展[J]. 中外能源，2019，24（7）：14-19.

[34] 郑崇伟，高悦，陈璇. 巴基斯坦瓜达尔港风能资源的历史变化趋势及预测[J]. 北京大学学报（自然科学版），2017，53（4）：617-626.

[35] AYDIN D. Alternative robust estimation methods for parameters of Gumbel distribution: An application to wind speed data with outliers[J]. Wind and Structures，2018，26(6)：

383-395.

[36] 夏丽丽，苏华. 基于多种分布对云南山区风速的综合评估[J]. 重庆工商大学学报（自然科学版），2019，37（6）：48-55.

[37] USTA I. An innovative estimation method regarding Weibull parameters for wind energy applications[J]. Energy，2016，106：301-314.

[38] 王希平. 辉腾锡勒草原风电场开发运营植被响应分析研究[D]. 呼和浩特：内蒙古农业大学，2014.

[39] 李国庆，张春华，张丽，等. 风电场对草地植被生长影响分析：以内蒙古灰腾梁风电场为例[J]. 地理科学，2016，36（6）：959-964.

[40] ROY S B, PACALA S W, WALKO R L. Can large wind farms affect local meteorology？[J]. Journal of Geophysical Research，2004，109（D19）：1-6.

[41] 彭小圣，邓迪元，程时杰，等. 面向智能电网应用的电力大数据关键技术[J]. 中国电机工程学报，2015，35（3）：503-511.

[42] WANG F, ZHEN Z, LIU C, et al. Image phase shift invariance based cloud motion displacement vector calculation method for ultra-short-term solar PV power forecasting[J]. Energy Conversion & Management, 2018, 157：123-135.

[43] 朱思萌. 风电场输出功率概率预测理论与方法[D]. 济南：山东大学，2014.

[44] 王勃，冯双磊，刘纯. 考虑预报风速与功率曲线因素的风电功率预测不确定性估计[J]. 电网技术，2014，14（2）：463-468.

[45] 徐宇，廖猜猜，张淑丽，等. 大型风电叶片设计制造技术发展趋势[J]. 中国科学，2016，46（12）：1-10.

[46] UL Empowering Trust. Drive innovation and streamline advanced distributed energy resource market acceptance[EB/OL]. （2018-01-31）[2018-02-08]. https://industries. ul. com/wp-content/uploads/sites /2/2016/08/UL-1741-SA-Advanced-Inverters. pdf?_ga=2. 133870414. 1553679952. 15238 56370-605024186. 1523856370.

[47] 郑军. 高温超导电机技术研究现状与应用前景简析[J]. 新材料产业，2017（8）：60-65.

[48] 潘再平. 一种利用高空风能进行发电的新方法[J]. 太阳能学报，1999，20（1）：31-36.

[49] 徐涛. 漂浮式海上风电发展现状与前景[C]. 风能产业，2018（9）：22-26.

[50] 俞增盛，吴俊. 高空风力发电技术与产业前景综述[J]. 上海节能，2017（7）：379-382.

[51] 缪骏，马文勇. 漂浮式海上风电综合解决方案能力的建设[J]. 太阳能，2018（6）：46-48.

[52] 舒印彪，张智刚，郭剑波，等. 新能源消纳关键因素分析及解决措施研究[J]. 中国电机工程学报，2017（01）：4-12.

[53] 魏磊，姜宁，于广亮，等. 宁夏电力系统接纳新能源能力研究[J]. 电网技术，2010，34（11）：176-181.

[54] WEI L, JIANG N, YU G L, et al. Research on Ningxia Power Grid's ability of admitting new energy resources [J]. Power System Technology, 2010，34（11）：176-181.

[55] 孙荣富，张涛，梁吉. 电网接纳风电能力的评估及应用[J]. 电力系统自动化，2011，35（4）：70-76.

[56] SUN R F, ZHANG T, LIANG J. Evaluation and application of wind power integration capacity in power grid [J]. Automation of Electric Power Systems, 2011，35（4）：70-76.

[57] 王跃峰，礼晓飞，唐林，等. 电、热等多种能量形式的协调优化与调度策略研究[R]. 北京：中国电力科学研究院，2017.

[58] 叶海钧. 风电制氢-燃料电池耦合微网系统的分层控制技术及其工程实现[D]. 杭州：浙江大学，2016.

[59] 刘德伟，郭剑波，黄越辉，等. 基于风电功率概率预测和运行风险约束的含风电场电力系统动态经济调度[J]. 中国电机工程学报，2013，33（16）：9-15.

[60] 蔡国伟，孔令国，杨德友，等. 大规模风光互补发电系统建模与运行特性研究[J]. 电网技术，2012，36（1）：65-71.

[61] 张沈习，李珂，程浩忠，等. 考虑相关性的间歇性分布式电源选址定容规划[J]. 电力系统自动化，2015，39（8）：53-58.

[62] 祁和生，胡书举. 分布式利用是风能发展的重要方向[J]. 中国科学院院刊，2016，31（2）：173-181.

[63] National Renewable Energy Laboratory. Wind-to-hydrogen project[EB/OL].（2013-01-19）[2013-09-19]. http://www/nrel.gov./hydrogen/proj-wind-hydrogen.html.

[64] 李海波，鲁宗相，乔颖，等. 大规模风电并网的电力系统运行灵活性评估[J]. 电网技术，2015，39（6）：1672-1678.

[65] 张平. 地区电网风水互补特性研究[J]. 云南电力技术，2017，45（1）：67-69.

[66] 李丰. 考虑大规模风电接入系统的发电优化调度模型及方法研究[D]. 北京：华北电力大学，2014.